The
WISDOM
of
MORRIE

Living and Aging Creatively and Joyfully

最好的年纪

快乐、智慧地生活和老去

MORRIE　　ROB
SCHWARTZ　SCHWARTZ

[美]莫里·施瓦茨 ——— 著　[美]罗布·施瓦茨 ——— 编　陈晓颖 ——— 译

中信出版集团|北京

图书在版编目（CIP）数据

最好的年纪：快乐、智慧地生活和老去 /（美）莫里·施瓦茨著；（美）罗布·施瓦茨编；陈晓颖译. -- 北京：中信出版社, 2024.5

书名原文：The Wisdom of Morrie: Living and Aging Creatively and Joyfully

ISBN 978-7-5217-6425-3

Ⅰ.①最… Ⅱ.①莫…②罗…③陈… Ⅲ.①人生哲学－通俗读物 Ⅳ.① B821-49

中国国家版本馆 CIP 数据核字（2024）第 064161 号

The Wisdom of Morrie: Living and Aging Creatively and Joyfully
Copyright © Robert Schwartz 2023
ALL RIGHTS RESERVED
Simplified Chinese Translation copyright © 2024 by CITIC PRESS CORPORATION
本书仅限中国大陆地区发行销售

最好的年纪——快乐、智慧地生活和老去
著者：　　［美］莫里·施瓦茨
编者：　　［美］罗布·施瓦茨
译者：　　陈晓颖
出版发行：中信出版集团股份有限公司
（北京市朝阳区东三环北路 27 号嘉铭中心　邮编 100020）
承印者：　三河市中晟雅豪印务有限公司

开本：880mm×1230mm 1/32　印张：8.5　字数：168 千字
版次：2024 年 5 月第 1 版　　　印次：2024 年 5 月第 1 次印刷
京权图字：01-2024-1292　　　　书号：ISBN 978-7-5217-6425-3
定价：59.00 元

版权所有·侵权必究
如有印刷、装订问题，本公司负责调换。
服务热线：400-600-8099
投稿邮箱：author@citicpub.com

目录

序言　I
前言　V

第一章
1 — 豁然开朗

第二章
13 — 平衡情绪

第三章
25 — 化解内心的矛盾

第四章
67 — 延展你的意识

第五章
93 — 摆脱年龄歧视

第六章
107 — 解答晚年的困惑

第七章
163 — 达成和解

第八章
189 — 安享晚年

第九章
219 — 成为更好的自己

后记　241
附录　245

序言

千禧年刚过,我有幸与这部书稿久别重逢。父亲离开我们已经有一段日子了,而这部作品就一直安静地躺在他书房的抽屉里。父母一直住在牛顿维尔,他们的房子很漂亮,门前种着一棵枫树。家人发现书稿后,经过认真讨论,决定由我对其进行编辑,然后落实出版相关事宜。

父亲生前曾以为这部作品将是他对社会所尽的最后的绵薄之力,完全没想到米奇·阿尔博姆的经典大作《相约星期二》问世。我相信,所有熟悉《相约星期二》的读者都可以通过这部遗作加深对我父亲的思想的了解。父亲最关切的就是帮助人们改善生活品质,他在书中设计了各种实用的方法和技巧,希望大家能以更加浪漫、积极、快乐的心态面对衰老。

我很庆幸自己在父亲创作本书的过程中(以及后来的日子里)有机会与他促膝交谈,讨论书中的各种想法。1989年春夏之交,我在经历了漫长的亚洲旅行后终于回到了牛顿维尔的家。父亲当时正在潜心创作,这部作品他从1988年写到1992

年，历时整整四年。我若不是当初有机会与父亲深入探讨书中的观点，恐怕很难在他离世多年后让这本书与大众见面。

在编辑过程中，我一直努力沿用父亲的语言风格。他的叙事方式兼具两大特点：既深刻专业，又深入浅出。我希望自己的编辑不会破坏父亲浑然一体的语言特色。

父亲真是太有先见之明了，竟然能够参透几十年后社会的发展趋势。他一直致力于打造和谐的生存环境，希望老年人不再因为年纪而受到歧视。他毕生都在关心人类个体的心理状态，正如最高法院"1954年布朗诉教育委员会"的经典案例所示，遭受排挤、内心自卑的人特别容易形成无法修复的心理伤害。父亲接触过太多老年人以及正在迈向老年阶段的群体，他了解他们内心的自卑，希望通过这本书改变他们的错误观念。

基于（经由科班训练得来的）心理学理论，父亲在书中提出了各种实用的方法和技巧，希望可以帮助大家拥有积极向上、活力满满的老年生活。有些建议可能会让人感觉似曾相识，比如第三章提出的独处的快乐，近年来市面上的确出现了很多探讨快乐的作品。此外，大家还会发现另一个贯穿全书的理论，那就是佛教的正念。

本书采用了片段式的叙述方式，旨在增加作品的可读性。父亲生前一直认为，人生的本质就是一连串的小片段和小插曲，这刚好与本书的片段式风格不谋而合。

这部作品与《相约星期二》虽然都在倡导人道主义和普世关爱，但二者截然不同。米奇的大作用凝练的语言探讨了我父亲为心理学、社会学所做的贡献，以及他的个人价值；而本书更加随性灵动，父亲为了更好地说明问题，在书中提供了丰富的例证，讲述了很多故事。或许可以这样说，两部作品虽然风格迥异，在内容上却做到了相辅相成、相得益彰。我相信，父亲对此一定深感欣慰，毕竟他最喜欢的哲学理论就是"对立的张力"。

我很荣幸我能把父亲的想法呈现给广大读者朋友。本书是他病魔缠身前最后一部大部头作品，在编辑书稿时，我仿佛再次听到了他讲话的声音，再次回到他的书房与他探讨书中的真知灼见。没错，"每个人都可以摆脱外界压力，学会浪漫地变老"。

——罗布·施瓦茨
2021年6月于马萨诸塞州的布鲁克莱恩市

前言

晚年生活是人生的一个特殊阶段,有其独特的局限性,但也能带来别样的机遇。晚年生活也是人生最重要的阶段,可以让我们变成更好的自己——但前提是你有强烈改变的意愿。对有些人来说,衰老是非常艰难的过程,要经历各种变化,有时甚至会彻底颠覆原本的生活。我们如果一直纠结于年龄的增长——心生警惕、羞于启齿、垂头丧气、望而生畏,又或者始终无法接受老迈的自己,那真的很难拥有幸福的晚年。相反,我们如果能够泰然处之,将晚年生活视为机遇和挑战并存的人生新阶段,或许就能反其道行之,不仅能够应对老龄问题,还能够成就更好的自己。

衰老属于人之常情。我们如果足够幸运,能够活过中年,自然需要面对老年的各种变化,有所得也会有所失。每个人都有各自不同的境遇,但所有老年人都会遇到一些共同的困难和选择。我们究竟是要正视自己对死亡的恐惧,还是要选择否认和逃避?我们是要一如既往地努力实现自我,还是就此彻底放弃？我们是要活得更加通透，还是沉迷于痛苦一蹶不振？我们是要"安详地离开人世"，还是要死命抓住最后一线希望垂死挣扎？这世上有各种各样的文化传统，现代工业化国家往往会把老年群体视为累赘，而许多社会则认为晚年生活是豁然开朗、意义深远、高情远致、怡然自得的人生阶段。我相信，每个人都能够也应该拥有这样的晚年生活。

最近，针对老年群体，越来越多的书籍、杂志和大众传媒提出了新的观点：晚年生活可以成为实现成就、发挥创意、充满刺激的人生新阶段，老年人也可以更好地参与社会，更好地"发挥余热"。亚伯拉罕·赫施尔说过，晚年生活不应该被视为人生的停滞，而应成为实现内心成长的宝贵际遇。[1]

我们有理由相信，人生即使到了最后阶段，日子仍然可以过得无比充实、意义深远。我们几乎每天都会看到相关的新闻或听到类似的报道，告诉我们人到晚年依旧可以取得巨大成就。如果事实果真如此，究竟是什么在妨碍我们打开思路、拓宽眼界？是什么在妨碍我们热情地期待意外的惊喜、新奇的刺激，妨碍我们更好地体味人生？是什么在妨碍我们通过加强思想意识、情感深度和自我价值提高生活的品质？（没错，即使步入晚年，我们也可以活得精彩。）我们可以更加清楚地认识自我，了解自己内心真实的想法，展望更加充实的人生。我们可以活得更加自信，相信自己能够做出大刀阔斧的改变，能够

---

[1] Abraham J. Heschel, *The Insecurity of Freedom* (New York: Farrar, Straus and Giroux, 1955), 78.

追求之前不敢想象的人生目标。我们可以如卡尔·荣格提出的理论那般大胆地设想:"人生的后半程才是实现成长、成就自我的最好时机。"①

变老有一个巨大的好处,那就是不必再担心有人成天盯着你,对你指手画脚。也就是说,我们终于可以拿回人生的掌控权。面对新的挑战,我们无须再顾及来自外部的奖励和惩罚,只需要关注自己内心的感受。我们可以按照自己的想法追求合理的冒险和刺激,由此体会到内心的充盈;我们可以打造全新的生活,摆脱年龄歧视的束缚。我们并非穷途末路,并非一无是处,别忘了,每个人都可以摆脱外界压力,学会浪漫地变老。

事到如今,我们一定要学会与衰老这件事达成和解。我知道很多人深受其扰,我们只有学会泰然处之,才能成为更好的自己。我希望本书能为大家提供最大的帮助,让步入晚年的各位活得更加精彩。我想先来谈谈自己经过多年思考得出来的几点对衰老的认识。我是一名社会学教授,过去四十年的职业生涯帮我打下了坚实的心理学和社会学基础,加深了我对人际关系的认识,如果没有这些积累,我根本写不出这部作品。当然,这本书的问世也离不开朋友、同事带给我的启发。书中还融入了我的很多实践经验,包括为老年人提供心理辅导、针对老龄问题开展小组心理治疗、了解流行读物及科学文献关于衰

---

① Bruce Baker, MD and Jane Hollister Wheelwright, "Analysis with the Aged," in *Jungian Analysis*, ed. Murray Stein (La Salle, IL: Open Court, 1982), 256–274.

老的相关内容、阅读老年人的自传等。此外，我还针对自己的衰老过程及心理感受做了观察和反思，结合我与七十岁达成和解的经验，我相信这本书一定能为大家提供有价值的参考。

步入晚年，最重要也是最有意义的目标就是成为更好的自己，与衰老达成和解，幸福地安度晚年。我相信，只要努力，就能发挥潜能，成就自我；只要努力，就能活得更加充实、更加快乐，每个人都可以选择一条属于自己的人生道路。我无法为每个人提供具体的计划或方法，也无法给大家一套详细的操作流程——每个人都有自己独特的人生经历，一刀切的方法没有切实的帮助。我刚刚讲了老年人应该追求的目标，后面还会分享一些实现目标的建议。不过，我相信各位在前进的路上一定都能找到属于自己的方法。

本书适合各个年龄段的读者，尤其是那些常常思考"剩下的日子该如何把握"的六十五岁以上的退休人士。至于我的中年读者朋友，我希望本书可以成为一个有效的平台，让各位预先了解未来的生活，希望你们不仅能合理地规划当下的人生，还能更好地理解并帮助年迈的父母。此外，本书还可以为养老中心、老年之家的工作人员提供一些经验，大家可以聚在一起，讨论晚年生活带给老年群体的机遇、挑战及各种两难抉择。我当然不会忘记年轻的读者朋友，请你们千万不要因为自己还年轻就将这本书束之高阁，任何人都应该为自己的晚年生活早做打算，相信大家一定能从书中获益。

另外，无论你家世背景如何，本书都能为你提供切实的帮助。不同的人生经历会导致不同的老年状态：一辈子从未工作过的人与被迫退休的职业人士步入晚年后会有截然不同的感受；同样，从小就身患残疾或重病缠身的人与身体始终强健的人面对衰老的态度也会天差地别。人生经历会影响老年生活，也会在衰老的过程中带给我们不同的困扰。亲爱的读者朋友，在阅读本书时，你可以着重关注那些能让你产生共鸣、发挥想象的信息和内容。

作家最爱的就是认真的读者，我也不例外。我希望大家阅读本书时不要走马观花。我希望各位可以认真思考我提出的问题，从不同角度加以分析，甚至可以找朋友、家人、同辈一起讨论，还可以把自己的想法和心得记录下来。总而言之，开卷有益，我希望这本书能帮助大家更好地认清自己，更好地思考晚年生活，发现更多的人生机遇。我希望大家能改变自己面对衰老的心态，戒掉不良习惯，成就更好的自己。

第一章

豁然开朗

我清楚地记得第一次意识到自己上了年纪时内心的感受：最开始是害怕，然后是困惑，之后是抑郁，后来慢慢理出点儿头绪，最终才算情绪稳定地接受了现实。

在 1984 年 5 月我六十七岁之前，我的身体一直都非常健康，我从未思考过生病、衰老等问题，甚至忘了社保部门已经把我登记为老年人口的事实。我从未把自己当成老年人，潜意识里对衰老可能还抱有一定的成见，认为衰老就意味着年衰岁暮，意味着人生开始"走下坡路"。当然不会有人羡慕老年人，谁愿意成为——或是被当成——"老人"呢？

退休前，我一直在大学任教，周围全是青春洋溢的年轻人，就连大部分同事都比我年轻。工作之外的朋友也是如此，几乎没有人比我年长——就算偶尔有几位，也个个"老当益壮"，根本看不出实际的年龄。退休前，我身体硬朗、精力充沛，很多项目中都有我活跃的身影，我也会为自己年轻的状态和活力感到骄傲。就连我的心血管医生都说我的心脏状态非常年轻，只有二十多岁，这无疑给我打了一剂强心针。总之，我大半辈子都在维持自己"年轻"的形象，极力回避自己年近古稀的事实，其后果就是我从未认真思考过晚年将要遇到的各种问题。可以说，我对普遍的衰老一无所知，对自身的衰老也毫无意识——无形中，我已经成了谄媚年轻、贬低衰老的主流文化的牺牲品。

然而，1984 年的春天，一切都变了，我不仅突发严重哮喘，前列腺还出现了问题，甚至到了做手术的程度。面对突如其来的打击，我毫无思想准备：哮喘是无法根除的慢性疾病，前列腺问题则是我上了年纪的有力实证。顷刻间，我清楚地认识到自己的衰老，人生一下子陷入了危机。然而，承认衰老的过程并不好过，我需要正视自己的年纪，正视身体的脆弱，这让我情何以堪？

不过，我马上认识到，我必须重新振作起来，我要厘清思路，想清楚该如何把握未来的岁月。我想好了，一定要努力追求之前提到的三个目标，从而让自己拥有幸福的晚年生活。我心意已决，我要健康地老去，尽量保持好身体的状态。于是，我开始坚持游泳，关注饮食，服用营养品，每周做一次全身按摩，还尝试了一个疗程的针灸来减轻哮喘的症状。在精神层面，我养成了冥想的习惯，学会把更多精力用在家人和朋友身上，当然，我也会给自己留出独处和放松的时间。我会尽量回避那些会产生"毒副作用"的社交关系和社交场合，也学着慢慢接受了人终有一死的结局。

就这样，病痛让我深刻认识到自己必须提高警惕，接受衰老、正视死亡，同时还要努力改善生命的质量。

六十七岁的我正式步入了晚年。不过，我越是琢磨就越是不解，自己之前为何会对衰老抱有那么多错误的认识？只可惜，我的潜心思考常常被哮喘打乱节奏；待到症状有所好转，我会忍不住抱怨命运的不公，数落自己身体不够争气，继而陷入深深的绝望。心情压抑的我一心只盼着能够回到从前，回到身体无恙的日子。后来，我病情好转，总算恢复了教学、咨询和心理辅导等工作，再次过上"正常人"的生活。我可以相对自由地呼吸，可以继续从事做了几十年的工作，这难道不是老天对我最大的眷顾吗？再后来，病情彻底得到了控制，我又找回了曾经的潇洒，再次开始幻想美好的未来。我想好了，未来的日子我要用富有创意的方式浪漫地变老：我要去冒险，寻找机会培养新技能、培养兴趣爱好，我要结识新朋友，我要维系曾经的情谊。

身心的折磨让我更加清醒地认识到，病痛无疑会对人的情感、斗志和认知造成巨大的影响。我刚得病时心情压抑，状态消极，觉得自己一无是处。到了第二个阶段，我意识到自己其实可以走出病痛，心态也随之积极起来。到最后阶段，我感觉自己重新燃起了斗志，又可以好好生活了。这次，我充分认识到自己的衰老，也看到了继续发掘潜能的希望。我开始关注自己对衰老的感受和心态，开始记录自己身上发生的变化。

病痛向我提出了几个重大问题，我相信其他步入晚年的人也会有与我一样的困惑：我将如何走向衰老？我该如何正视死亡？我怎样做才能对人生充满希望，才能更加积极地面对老年生活？

哮喘虽然令我十分痛苦，但并不妨碍我在大学教书。我到了七十岁才从高校退休，之后继续从事心理咨询工作。不过，退休确实让我不得不认真思考"余生该如何度过"这一问题，我不想一味地增加心理辅导的接诊时间，希望找到其他的事情让自己充实起来，重燃对生活的热情。朋友建议我写一本关于衰老的书，说这不仅可以帮助我安度晚年，还能惠及更多像我一样的老年人。有了这位朋友的建议，才有了本书。

没错，我的积极心态或许要归功于身体状况的好转，但老实讲，若想实现成长、安度晚年、成就更好的自己，身体健康并非必要条件。至于缺钱、病痛或残疾会不会影响晚年的幸福，主要取决于两点：一是贫穷、病痛或残疾的严重程度，二是个人的意志品质。可以这样说，除非遭遇极端不幸，每个人都能找到生活的乐趣。

恐惧衰老

在我刚患上哮喘到决定写作本书的那段时间，我内心对衰老充满了恐惧！我担心无法预知的未来，惧怕疾病的痛苦和功能的衰竭，憎恶人们单纯因为年龄而对我产生的各种负面情绪及采取的各种负面做法。

有时候，当我遇到一位三四十年未曾谋面的故人，我会惊诧于对方容颜的变化，打心眼里觉得无法接受。对方竟然成了一个行动起来颤颤巍巍的老人，完全没了之前的伶俐和生机，满脸皱纹、身体虚弱——总之就是老了！有时候，我甚至认不出眼前人，这是多么可悲啊！我在同情对方的同时，也会忍不住暗自琢磨，我给对方留下的是不是同样的印象？现在回想起来，那时的我还会刻意避免与老年人接触，当万不得已必须与老年人沟通时，我甚至会产生稍许的反感和不安。想想真是可笑，我有什么立场觉得自己为人宽厚、一视同仁呢？

事实上，我的情况并非个例。我跟很多人交流过，他们也都无法接受自己衰老的事实，无法将自己划归"老年群体"。我问过当时已有七十五岁的简什么时候真正接受"自己老了"的事实。她听了我的提问非常生气，回答说："谁说我老了？我可不觉得自己老了！"没错，对很多像她一样的老年人来说，"老"这个字包含了太多的负面含义，所以他们根本不想"承认"。而对于变老的事实，他们要么拒绝承认，要么漠视不理，仿佛衰老只会发生在他人身上而与自己无关。有些人还会竭尽全力让自己显得年轻——男性会选择参加剧烈的体育运动或与年轻的女性为伴，女性常用的手段则是染发或医美。就算我告诉他们承认自己"老了"，然后继续发挥余热会对身心有益，他们也会选择充耳不闻。在我看来，这无异于年龄歧视的又一例证，可以这样说，年龄歧视在老年人中十分普遍，不仅体现在思想上，而且体现在行动中。

老年人对自身所在群体常常抱有严重的羞耻感，这一点已经无须多言。我们的社会一直存在年龄歧视，而且根深蒂固，大家甚至意识不到它的存在。我们与很多亚文化群体一样，已经接受了社会对老年群体的年龄歧视，根本不指望自己还能发挥余热、发挥创意。大家一定要知道，年龄歧视对我们造成的伤害丝毫不亚于真正疾病造成的痛苦。

我们若想接受自己、悦纳自己，首先就得认识到自己内心暗藏的年龄歧视。我们要明白，年龄歧视只会让老年群体越发缺乏安全感，越发羞愧不安，越发觉得自己低人一等。事实上，不管年纪多大，我们都可以活得幸福、充实，而且年纪越大，越该如此。我们只有消除了年龄歧视，才能更加积极地看待自己，才能在年龄歧视有抬头之势时及时将其扼杀。

保有生活的动力

老年人若想战胜晚年遇到的诸多挑战，需要强大的动力来源。有了动力，我们才能在面对年龄歧视、人生无常、疾病痛苦时保持体力和精力，继续追求人生的目标。动力来源是我们行动的助推器——能让我们做到积极主动、心无旁骛。有了动力来源，我们才能不断尝试、不断努力，才能坚持自我，才能克服惰性心理、抵触情绪、疲惫状态、焦虑恐惧。

有些人似乎有用不完的精力，总能鼓足干劲；有些人无法一直保持良好的状态，斗志时有时无；还有些人永远一副无精打采的样子，做什么事都提不起兴趣，找不到生活的意义。我们若想一直保持斗志，一直精力充沛，就必须对自己所做的事情有信心，必须能找到其中的意义。

但是话说回来，无论大家的动力水平如何，每个人的内心都有强大的生命力、做事情的干劲以及对外界的热情。它们就是我们克服阻力的动力来源，哪怕遇到再大的困难，我们也能想办法解决。可惜我们的生命能量像是被封印了一般，需要想办法才能将其释放。当然，解开封印并非易事，别人帮不上忙，只能靠我们自己，所以，我们要想办法将其释放出来，唤醒它、安抚它。我们若想晚年过得幸福，就离不开这样的生命活力，所以，我们要熟悉它、滋养它，利用这股源源不断的力量帮我们实现心中的目标和梦想。

要想了解内心动力的本质，需要回答以下几个问题：面对某项任务，是什么让你内心激动、跃跃欲试？是什么促使你主动了解自身情感并与他人产生联结？是什么让你勇于承担必须或渴望做的事情的责任，或者让你毫不犹豫地应承下他人的请求？是什么让你走出自己的小天地——参与活动、迎接挑战、抓住机遇、与人相处？是什么促使你发挥创意、坚持自我、保持斗志？简言之，究竟是什么让你感觉自己心中还有一团火？

你会不会在做事之初干劲十足，而到了后面却严重缺乏动力？你的动力来自外界还是内心，抑或兼而有之？你有什么办法提升自己的动力水平？你如何确保它能源源不断地为你提供能量？

你的动力会不会时有时无、时强时弱？你的动力强度与所做的事情、所处的环境以及共事的群体有关吗？你的精力是否有它自己强弱变化的周期，而你根本无力改变，只能顺其自然？

你的动力来源会受到以下哪些因素的影响？

- 任务或事情本身的性质？

- 个人内心的目标？
- 当下的身体、情绪和心理状态？
- 参与某事带来的好处和回报？
- 取悦他人的意愿？
- 事情本身的意义？
- 无法兑现承诺的自我责罚？

***

我一直觉得八十七岁的乔希教授特别了不起，所以一定要跟儿子罗布讲讲他的故事。乔希教授曾经遭遇过一场严重的车祸，之后却表现出了惊人的驱动力，不仅出版了一本书，还在身体尚未康复的情况下计划了两场签售会，并坚持亲力亲为。教授后来跟我解释说："我之前也担心，怕自己没有精力完成如此巨大的工作量，怕自己信心不足。但思前想后，我决定推自己一把。就这样，我做了，而且做得很好！"

他继续说："我对自己总有很高的期许，常常会跳脱出来与自己对话，我会对自己说，'我希望你能迈过这道坎儿，能够有所成就'。之前，我虽然也会一直如此告诫自己，但有时也想得过且过。但那次车祸似乎让我变得更加坚强了，我每天都会督促自己起床、洗漱、用餐、做事。我变得像清教徒一样自律，一旦做了某事，我就一定要完成，而且不能拖延。我会鼓励自己，'拖延只能让你心生怨怼，既然早晚都要做，为什么要拖到最后呢？'"

乔希还反思说，"很多人虽然有冲劲，但会任其自生自灭，最终导致一事无成。从心理健康的角度来看，这是非常严重的问题，因为久而久之，你会丧失冲劲和欲望，反正有这些东西也没什么用，因为你知道你不会去做。要知道，冲劲会萎靡、会消失，最后只留下无数无法实现的愿望，成为妨碍你后续发挥冲劲的巨大障碍。习惯一旦被养成，危害就不可想象。所以，我一定要鞭策自己，做到善始善终。"

我问乔希，他一生都干劲十足的动力来源究竟是什么。他回答："我想是因为我热爱生活吧。我感觉生活给了我太多欣喜，即使是微不足道的小事，也有其可爱之处。因为热爱生活，所以我会有更多机会与人接触。我爱生活，我爱人类。"

第二章

平衡情绪

平衡情绪是应对衰老的关键,其难度不亚于高空走钢丝。年老之后,只有做到足够健康、足够勇敢、足够乐观、足够好奇、足够真诚,才能继续好好体验人生。

佛罗里达·斯科特·马克斯韦尔
《生命的刻度》

我读高二时，法语老师给我们布置了一篇作文，让我们回答："Quel est le plus bel âge de la vie?"（人生何时最美好？）我当即就想好了答案："当然是年轻时最美好了。"我二十多岁时看到一本书，书名是《步入不惑之年，人生真正开启》(*Life Begins at Forty*)，我当时就觉得这个书名太奇怪了，简直是胡说八道，怎么会有人相信人生到了四十岁才真正开始呢？活到四十岁不是已经土埋半截了吗？如今再来审视自己当初对年龄的偏见，我禁不住惊诧于自身的固执和片面。我对年长的幸福一无所知，却对衰老抱有深深的恐惧和成见。此时此刻，我内心非常清楚，人生最好的年纪就是当下，只要能继续活着、创造、体验，当下就是最好的年纪。

人一旦上了年纪，体力就会大不如前，做很多事都会觉得力不从心，而且年纪越大，情况就越糟：人老了，就会耳聋眼花、步履蹒跚，连喘气、起身都觉得费劲；人老了，动不动就会犯困、走神，动不动就会觉得冷，做过的事转身就忘，认识的人也想不起是谁；人老了，晚上入睡就成了问题，很难一觉睡到天亮，而到了早上又会昏睡不醒；人老了，曾经熟悉的街道也会变成迷宫，事情但凡复杂一点儿，都会感觉无能为力，对人、对事也会放松了警惕；人老了，就会越发承受不起胡闹和伤害。

可是，一位七十岁高龄的以色列女士竟然对我表达了截然不同的观点：

我感觉自己现在活得特别"轻松",不用再负重前行,不用再未雨绸缪,人生所有"重大"的决定——好也罢、坏也罢——都已成了过眼云烟。

我还发现,随着年龄的增长,我再也感受不到来自社会的压力了。要知道,我一辈子从未结婚、生子,想要没有压力真的很难。于我而言,退休的一大好处就是再也不必惦记"搞"事业了。我现在的生活与所谓"事业"一点儿关系都没有,不管是好是坏,反正事业对我来说已经彻底成为过去。现在的我,不必再担心别人因我的表现而对我妄加评判,甚至对我指手画脚。现在的我,不必在乎他人的眼光,凡事都可以自己做主。

像这位女士一样,衰老的确会让很多事变得更容易,我也有类似的体会。人老了,烦躁、低落的情绪总是说来就来,容易看不惯,容易挑毛病,容易疲惫,容易丢三落四。不过,话说回来,感知自己的这些负面表现似乎也变得更容易了,有时甚至可以及时叫停。人老了,会变得更加开明、更加仁慈、更加体恤、更加富有同理心。人老了,还会变得更加通透:我不仅看清了自己和身边的人,还体悟到了人性及人类的境遇。比如,几乎每个人都是善与恶的结合体,既有建设力,也有破坏性,对他人如此,对自己亦如此。至于究竟会表现出哪一面,主要取决于他人的做法及当下的处境。

我经历过很多情绪的起伏,也体验过各种矛盾和反差,我想下面几对反差大家也会有同感。

热情与绝望

我曾多次感受到走投无路的绝望与踌躇满志的热情交替奔涌。很多时候——尤其是病重期间——我真的想过向命运缴械投降。在人生的至暗时刻，我深切地感到美好时光已一去不复返，既然如此，我为何还要苟活？每次看到身边老人遭遇的不幸，比如忍受癌症的痛苦或阿尔茨海默病的辛酸，我都会设法安抚自己，说这些事不会发生在自己身上。不过，在每次自怨自艾、疲惫无助之后，我会重燃斗志；我会不忘初心，继续追求自我，努力成就更好的自己；我会对自己所做的事情充满热情，盼着明天的到来；我会醉心于自己的友谊和情感，渴望结识更多志同道合的人；我会感慨于自己心灵的成长和思想的深刻。

安心与担忧

我也会因为身体变差而忧心忡忡，当下的病痛及未来的隐患都会让我产生强烈的不安。随着年纪的增长，我的脑子注定会越来越不灵光，能够自理、行动自由、自己做主的日子还有多久？生命还有多少光阴？生命的质量又会如何？我会以什么方式离开人世？每次思考或体验人生的未知，我都会感到巨大的焦虑和担忧。我不得不做好心理建设，时刻准备迎接命运的各种挑战。当然，我也有心安、自洽的时候。我能感受到自己内心的充盈，知道自己前进的目标，清楚自身的价值和人生的意义。我对人生有了更加深刻、更加全面的认识，我感觉自己已经变得更加强大、更加笃定。此外，我的安全感还得益于自己面对不幸时表现出的坚强。我每天都有事可做：定期约见朋友，定期看望家人，坚持运动、阅读、写作、教学，保持幽默心态；我还会坚持冥想，坚持与兴趣相投的人聚会。这些习惯不仅可以支撑我好好生活，还能在一定程度上给我的内心带来平静和安宁。

年龄焦虑与永葆年轻

我真心不认为自己已经上了年纪，这种心态我自己也没想到。即使偶尔意识到自身的真实情况，我也会想办法忘记年龄那个数字。当然，真实年纪有时也不容许我轻狂：我有时会莫名地感到疲惫，不过，用不了多久，疲惫感又会神奇消失；若是某天没睡好，就算再投入地跳舞，我也坚持不了多久。于是，我不得不反复提醒自己，我已经七十六岁了。说真的，我实在无法想象自己活了这么多年头。有时，我会觉得自己还很年轻，仿佛时间从未流逝，我老迈的外表下依旧藏着一颗年轻的心。我精力充沛、步履轻盈，我热情无限、意气风发。每次听到有人把我形容成皓首苍颜的老朽，我都会一脸错愕。于是，为了接受自己的真实年龄，我不得不反复告诫自己：面对现实吧！你已经是风烛残年的老人了！往昔岁月如白驹过隙，我已经走到了人生的尽头，可我还想活得更久——越久越好。不过，我也担心，就算寿命再长，临终时我也会心有不甘。那么，我该如何把握接下来的人生呢？

诚实面对与自欺欺人

步入晚年，我们要胸无城府地活着，对自己更是要诚实以待。（如果人老了还做不到真诚，那要等到什么时候呢？）所以，我总是竭尽全力正视自己，努力看清自己的内心和周遭的变化，打破对自身抱有的错误幻想。即便如此，我有时也有逃避现实的冲动，毕竟这个社会充斥着太多虚情假意、口是心非，想要逐一戳穿谈何容易。但我至少会努力做回真实的自己，即使再难也要坚持下去。

我必须克制冲动，尽量不去想自己身上不好的地方。人人心里都有阴暗的一面，有时连自己都不愿承认。比如，当有人反对我时，我会心生敌意；看到有人自鸣得意、自以为是，我会在内心将其贬得一文不值。某天，我发现自己在崇拜年轻人娴熟技艺的同时，竟然也会心生妒忌。在仔细分析后我才发现，我嫉妒的是对方的身体健康、精力充沛和内心强大，归根结底是因为我知道他们未来还有更长的岁月。此外，当听说有人去世时，我难过的同时也会庆幸离开的不是自己。有时候，我发现自己对他人的疾病、痛苦竟然无动于衷,可能是因为我不喜欢对方,也可能是因为我害怕自己旧病复发。有时候,我会嫉妒他人的好运,看到同龄人比我健康、富足、成功,我会毫无缘由地讨厌他们。我对自己所有"恶毒"的想法深感愧疚、羞耻,甚至会因此讨厌或轻视自己。不过,我马上又会提醒自己,这些只不过是我内心的想法和感受,我不必感到愧疚,更不必折磨自己。当然,内心的阴暗面偶尔也会逃出牢笼、闯入意识,当我们遭受病痛的折磨或感觉时日无多时,它们尤其会出来作怪。我对付它们的一个方法就是意识到它们的存在,做到心中有数,毕竟,随着身体的衰老,这些郁闷和不满都是非常正常的情绪反应。我会正视自己内心的阴暗面,而非逃避或掩饰,因为只有这样,我才能更好地把控自己的言行。

　　当然,我也有很多短板,还会自欺欺人,有时甚至意识不到自己身上的问题。我也有不想面对的内心状态和行为方式,不愿重复原本的痛苦。不过,好在我还会努力实现自己的理想,尽量做到为人正直,真诚地对待自己、亲人和朋友。我会找出那些让我得过且过的理由、冲动和借口。对人对事,我都会尽量做到实事求是,尽量不夸大其词,不人为美化,也不推卸责任。此外,我也不想妄自菲薄。我会面对现实,决不模棱两可、含糊其词,对自己如此,对他人亦如此。话虽如此,要想找出真相并不容易,任何一件事都可能有太多层次、太多角度,不是情况复杂,就是因素众多,还可能是矛盾重重。我们或许只能了解部分真相，无法得知其他可能的或绝对的真理。所谓的事实也可能遭到篡改或受到污染。但即使在这种情况下，哪怕知道自己能力有限，我也会坚持不懈地寻求真相。

我会问自己以下问题：我究竟是谁？我做过什么？我做什么才算是行善？我有何信仰，为何如此？我对自己和他人有多少了解？我与他人的关系是否符合我心目中理想关系的标准？对我来说，什么东西称得上至关重要、意义非凡——重要到让我愿意为之好好活下去？我的出现能给世界带来任何改变吗？我对世界做过哪些令我骄傲的贡献？我有哪些明确的做人原则？我为何格外看重那些价值取向？我有什么真正的天赋？有没有尚未被发掘的潜力？我还会继续发掘自己的潜力吗？我该如何平衡自己乐观和悲观的情绪？我对人类的本性和境况有何了解？我还有什么想知道的东西？我对人类整体的生活现状和生存状态有何认识？怎样活着才算真正意义上的人？我哪里做得不错，又有哪些欠缺？

入世与出世

所谓入世，指的是努力满足生活中的具体需求，而出世是对神秘未知的精神世界的体验。面对世俗生活，我要做的是确保自己收支平衡，不仅能维持正常的社会关系，还能真诚地对待身边重要的人，保证家庭生活的正常运转。但是，当我陷入沉思时，现实问题仿佛离我而去，我瞬间与精神世界建立了更多的联结。打个比方，我会通过阅读、讨论、思考来探讨生命和死亡的意义，了解人类团结的力量以及所谓"永恒"的真谛。我会想办法实现与自然的和谐统一。我会努力探索精神读物中所描绘的终极现实。我想要体验超脱的崇高境界，而这种境界只有在冥想时才能得以窥见。当然，我也知道，琐碎的日常才是真实的生活，所以我的困惑是如何在日常活动中找到神圣的意义，同时又不会影响精神世界的追求。

缓慢老去与快速蹉跎

有时候，我感觉自己衰老的速度非常缓慢，身体（和大脑部分）机能只是在逐渐退化，平日里很难察觉。只有回首过往，我才会感到气力大不如从前，每次爬山都累得气喘吁吁，不得不时不时停下来休息。有时候，我又感觉自己在以迅雷不及掩耳之势变老。昨天听力还顶呱呱，今天耳朵突然就不好使了；昨天呼吸还很顺畅，今天就咳嗽气喘了。每次出现新的变化，我都不得不重新审视自己，重新适应人生。

我会努力跟上衰老的速度，接受身心发生的变化！再次回首，我才会真正意识到，当初微小的变化由量变累积成了质变。

深刻感受与麻木体验

自患病起，我便对病痛和疾苦有了更深刻的体验，对他人的痛苦也更加能够感同身受，不仅能共情他人的境遇，还能设身处地为他人着想。但有时候，我也会因为自己每况愈下的境遇而沉沦、绝望，任何贪婪、傲慢、自私的行为都可以轻易激怒我，让我根本压不住心头的怒火。

我也能更加切实地感受到自身及他人的快乐和忧伤。我会开怀大笑，也会被英勇、高尚、悲惨的故事感动得泪流满面。古典音乐能让我动情，阅读能满足我内心的饥渴。现在回忆起年轻时的我，哪怕是邂逅美丽的风景，无论多么赏心悦目、五彩斑斓，我都会表现得十分克制，总能做到见好就收。或许当时的我害怕自己兴奋过度，因眼前的美好而彻底迷失了方向。或许我担心自己过分沉醉，错失了宝贵的人生真谛。如今，我学会了如何用心感受，如何让美好慢慢浸润我的内心。我点滴体会、用心吸收世间的美好、繁复和各种新鲜事物。我会用心对待真心待我之人。我会更加投入地经营感情，更加专注地完成工作。我会因各种小事情而感到兴奋。总而言之，我比以前更有活力，更有激情；面对伤痛，我会更加敏感、更加包容；面对喜乐，我会更加珍惜、更加热情。

不过，话说回来，我有时也会特别麻木——心如槁木、漠不关心、毫无兴致、沉默寡言。我不想了解自己，更不想接触他人，就算他人主动接近，我也会无动于衷。我把自己缩进壳子里，任性地享受孤独的快乐，不加克制地自怨自艾。我会闭上眼睛，屏蔽整个世界。我有时也会心力交瘁、垂头丧气，没有欲望感受外面的世界。我什么都不想关心，只想好好休息、好好康复。不过，如果意识到自己深陷这种状态，或是遇见了某位知心的朋友，我马上就会从这种状态中摆脱出来。

我有时候会变得异常平静，没有任何情绪，只会冷眼旁观自己或他人的遭遇，仿佛自己是站在窗口的过客，只是在眺望窗外的风景，一切都与我无关，不管发生什么、结果如何，都不会对我造成丝毫影响。就这样，时间不同、境遇不同、情绪不同，我对外界和自我的感知也不一样。我有时能够感同身受，有时则置身事外，有时能够活在当下，有时则会选择抽离。随着年龄的增长，这些状态总是交替出现，在潜移默化中改变着我和世界的关系。

我们若想安度晚年，就要学会接受这种忽上忽下的状态，并与之达成和解。我们越是能从中保持一种平衡，就越能拥有幸福的晚年。

第三章

化解内心的矛盾

我发现，随着年纪的增长，除了会出现上一章讲到的情绪变化，我们还会变得越来越矛盾、越来越分裂。打个比方，我们希望独处，但也希望与他人保持往来；我们会积极参加社交活动，但也会想方设法独处。面对真实的世界，我们不知道哪些该从容应对，哪些该逃避否认；面对人际关系，我们不知道如何在相互依靠与独立自主之间取得平衡；面对人生种种，我们总是会在拨云见日和绝望沉沦之间来回摇摆。

这些纠结和矛盾说明，我们的内心一直在打架，一方会取得胜利，另一方会败下阵来。不过，我个人更愿意把这种纠结和矛盾看成统一体的不同方面——老年阶段交替出现的不同模式。对待它们，我们需要做到兼收并蓄，晚年生活的一大任务就是协调各种矛盾的心理和状态，使其达成动态的平衡。

独处与社交

很多老年人都会遭遇这一对矛盾，既想享受独处，又想拥有社交生活。如果对当下的状态不满，无论是太过寂寞，还是为社交所累，我们都可以设法调整，找到"适合"自己的平衡点。

学会独处

独处也好，孤独也罢，都是我们人生需要面对的基本课题，即使在现代社会也是如此。随着年龄的增长，之前的许多人或事会离我们越来越远，因此，独处就变成了我们不得不面对的问题。

孤独可能是一种被迫的选择：朋友、家人可能会因我们难以相处或刁钻刻薄而选择离开、逃避或敬而远之；关系要好的亲人可能搬去了另一座城市，连见面也成了一种奢侈；又或者家人或朋友永远地离开了我们，这让我们内心空虚，找不到人填补他们的位置。

孤独也可能成为主动的选择。主动选择的独处时光往往能丰盈我们的内心，让我们收获满满、自信快乐。当然，有些独处时光也可能带给我们痛苦和空虚。如果是后者，我们就要想办法接受内心的孤独，用积极的方法加以排解。有时，这意味着我们可以将被迫的孤独变成安静的独处，还可以与他人建立更多的联结。总之，我们要充分利用独处的时间，加强自主性，掌控人生。

独处和孤独是两个截然不同的概念，接下来我们就结合我两天不同的体验看看二者的区别。

第一天，我一个人听着音乐寻找灵感，一边看书，一边梳理自己的创作思路。我因为约了朋友在傍晚时分见面，所以白天一直都有盼头。我处理了家务，还在心里过了一遍授课的重点。独处的时间非常宝贵，这一天我过得很开心，安宁而轻松，闲适而静谧，一天下来都很自在、很放松、很惬意。一天的逍遥时光仿佛可以一直继续下去，永远都不会有尽头。虽然只有一天，我却感觉过了一个星期，做了很多事情。

第二天，我过得很不舒服。我大早上起来就十分疲惫，因为前一夜睡得不好。白天有很多工作要做，所以我没有精力再去做运动，本来想做个冥想，结果中途睡着了。醒来后倒是稍微清醒了些，于是赶紧撰写书稿，却又感觉文思枯竭。我想，要不然做点儿别的事换换脑子，于是拿起了一本轻松的杂志，但内容真的十分无聊。我想可以出去走走，或在家骑骑动感单车，不过身体实在太累了，想想还是算了。这一天就这样被我荒废了，但人总有这样的时候，任谁都无能为力。终于到了傍晚时分，因为要出门会友，我似乎恢复了活力。没错，很多人之所以能挨过孤独，就是因为心里有对陪伴的期待。

独处的快乐

独处不同于痛苦的孤独，独处可以带给我们愉悦、启发、充实等感觉，这种感觉独一无二，只能从独处中获得。

独处给了我们借助一个人的时光丰盈自己的机会，让我们可以更好地感知自我、思考人生，让我们有时间盘点身边的人，审视自己的梦想。

独处给了我们一个心平气和、宁心静气的空间，让我们可以做喜欢的事，思考我们关心的问题，感受自然或艺术，追求崇高的精神生活。独处时，我们可以放松地做自己，远离他人的控制、监视和评判。独处时，我们不必操心该扮演怎样的角色，或是该给人留下怎样的印象。独处时，我们可以想什么时候起床就什么时候起床，想什么时候睡觉就什么时候睡觉，不必容忍他人的毛病、迁就他人的喜好。总之，独处时，我们可以与自我和自我空间建立真正的联结。

独处还给了我们充分感受寂静的机会。日常生活中充斥着各种声音，寂静反倒成了怪异的存在，甚至可能引起我们的不适。然而，感受寂静是一种美好的体验，可以给我们很多宝贵的启发。

事实上，寂静也有它自己的声音、自己的氛围，可以对我们产生特别的影响。我们可以利用寂静了解自己的内心动向，感受自己的身体变化，体会自己的细腻情感，观察自己如何与寂静的空间和谐相处。

寂静拥有各种各样的特质："子宫的寂静"孕育着可能性，预示着新生命的到来；"坟墓的寂静"可能要沉重很多，会让人感觉了无生机，所以难免会引发内心的伤感。没有寂静，就无法做冥想，由此看来，寂静也成了我们探索神秘境界必不可少的要素。

我很孤独

很不幸，并非所有独处时光都能让人内心充盈，很多时候，我们感受到的就是孤独。

有人若是从未感到孤独，那可真是太了不起了！美国印第安文化中有一句老话，认为"孤独是人类的唯一共性"。所有人都会感到孤独，只是可能出现在人生不同的阶段。

我们都知道，孤独是一种内心的痛苦，原因在于感受不到与自我、他人、自然或任何其他事物的联结。要知道，即使身边有很多人，即使正在与人交往，我们也可能感到孤独。话虽如此，对大多数人来说，一般还是独自一人时感到孤独的可能性更大。另外，不一样的孤独起因不同，程度有别，持续的时间也有差异，有的可能痛彻心扉，渴望他人的安抚，希望听到他人的声音；有的可能若有若无，只是隐隐地感觉到内心的缺失。孤独还可能伴有其他感受，孤立无助、羞愧难当、内心空虚、见弃于人、咫尺天涯，或是感觉没人在意或关心自己。最后，孤独带来的痛苦可能稍纵即逝，也可能长久持续。

你若不想让孤独成为人生的无奈选择，不妨参考以下方法，或许能让你的孤独感得到缓解。

审视孤独

通常情况下，孤独意味着痛苦和恐惧，所以我们才不敢直视。然而，客观的观察可以让我们加深认识，继而减轻孤独的痛苦。你若想了解自己为何会孤立无助、痛苦难耐，不妨问自己以下几个问题：我的孤独是因为我不信任他人、担心他人不怀好意吗？还是因为我内心十分自卑，害怕别人发现我的缺点和无趣，感觉跟我在一起是在浪费时间？我的孤独是因为之前与人交往的糟糕经历给我留下了阴影，我担心重蹈覆辙吗？还是因为我遭遇过背叛、伤害、拒绝，体验过失望和愤怒？抑或我遭遇过厌恶、嫉妒，因而变得少言寡语，不想再次招致祸端？

又或许我能感受到他人的蔑视和不敬,所以不想与人为伍,宁可敬而远之。

上述任何情形都可能造成我们内心的孤独感。但我们必须清楚,任何情况都不是永久的,只要想,我们就能找到方法消除造成孤独的因素,大家不妨一试。有时候,哪怕只是小小的尝试,也能带给我们巨大的改变。

发挥想象

应对孤独的第二种方法就是阅读书籍和观看影视作品拓展你的想象力。比如,你可以想象两万年前世界是何种模样,一千年后又会变成怎样一番景象。五百年后人类会是什么样子?以后的日子和遥远的将来,人与人之间的关系会发生怎样的变化?你可以假设自己是个超人或拥有宇宙的某种超能力,想象一下获得天启会是怎样一种感受。当然,你也不必太过天马行空,完全可以设想一下如何把家装修得更漂亮,或是想象一下彻底改变自己的穿衣风格。你可以通过记忆训练提高自己的记忆力,还可以定期从事体育锻炼,练习冥想,帮助自己凝神静气,从而拥有更加丰富的精神世界。你也可以体会周围的物理环境——看看身处其中会受到怎样的影响。

唤醒感官

即使希望改变自身境遇且已经做过各种尝试,你也不可能将孤独从生活中彻底剔除。如果孤独再次来袭,最好的办法或许就是不去想它,花点儿时间探索身体的感受,你会快速恢复内心的安宁。

当然,很多事情都可以帮助我们摆脱忧伤的情绪,所以,我们可以转换频道,打开感官,用心感受。你可以把注意力放在视觉、听觉、味觉、嗅觉上,看看自己会有哪些别样的体会。举个例子,你可以摸摸房间里的装修,感受一下家具的材质,体会丝绸的光滑、未抛光的木头的粗糙、地毯的柔软。你可以触摸树叶的边缘,体验不寻常的感觉。你可以探索食物的味道:酸甜苦辣,各有不同;白水的清淡,果汁的甘甜,酒精的浓烈。你也可以畅享大自然演奏的交响曲:微风吹得青草沙沙作响,街道上车水马龙,当然还有各种其他舒缓的声音,比如细雨滴答,鸟鸣悠长。

请大家仔细观察周围的事物:观察形状、颜色、密度、高度、设计;观察不同事物、颜色、材质之间的交汇碰撞;观察家具的美学设计和使用功能;观察午后阳光在墙壁上留下的斑驳光影。

你还可以观察自己的双手,研究上面丝丝缕缕的细节:皮肤的颜色和质地、手上的皱纹、手指的形状、指甲的色泽、关节的弯曲以及手指的伸展。另外,你别忘了看看掌心及其上面粗细不同的掌纹,活动一下每根手指,看看手指之间的关系,估算一下拳头的大小以及手臂的力量。你甚至可以闻闻自己身上的味道,感受一下自己皮肤的光滑或粗糙,看看左手整体的构成,再想想它与右手的关系。

对了，你还可以看看窗外的世界。你能看到醉人的朝阳和夕阳吗？你能看见外面的房子、大树、天空吗？你还可以体会一下错落有致的风景、五彩缤纷的色彩、鳞次栉比的布局。

你也可以调动自己的运动细胞。观察自己的身体，不要评判胖瘦，只需客观地感受自己的体重、步履、坐姿，还有运动的痛感和快感以及你的身量和姿态。

家里不同房间会有不同的味道吗？你可以分别闻一下，与户外的味道做做对比。户外是不是有股青草的芬芳？厨房呢？可能氤氲着咖啡的醇厚香气，也可能充斥着食物腐败的气息。走进客厅，你或许能闻到淡淡的百合香味。去附近的花园或树林，扑鼻而来的是生生不息的大自然的味道。你还可以参加品酒会，或是感受异域美食的独特味道和香气。

你可以把注意力集中在周遭的事物和环境上，借以减轻内心的孤独。

要想战胜孤独，我们必须找到其源头，然后想办法做出改变。孤独不一定是坏事，我们可以想办法化消极为积极，把孤独寂寞变成宝贵的独处时光，或者至少可以降低痛苦的程度。爱是战胜孤独的不二法宝，跟亲人朋友在一起，大多可以消解孤独。此外，全情投入参加有创意的活动会让我们无暇胡思乱想，因此也能有效缓解内心的孤独。当然，我们也可以学习忍耐、接受、超脱自己的孤独感——做到有效管理，让它无法扰乱我们正常的生活，无法影响我们愉悦的心情。我们既然活到了这个年纪，那就说明我们的人生已经非常丰富，我们就是人间宝藏，我们内心丰盈，我们有太多可以分享给他人的故事，只要我们愿意诉说。

虽然人生来就是孤独的，但总可以想些办法减轻孤独的痛苦。我们可以结识新的朋友，也可以与认识的人加深了解，发展出新的情谊。

与他人建立联结

步入晚年，我们要更加关注内心的孤独感以及与外界的社会关系。年轻时，因为终日忙于工作和照料家庭，我们根本不缺社会关系，那时候，我们想的是如何能给自己留出更多的独处空间，那时候，我们还有资本对社交对象挑挑拣拣。可步入老年后，情况不同了，我们或许并不想独处，却很难找到满意的社会关系。

对大多数老年人来说，社会关系似乎成了过得好坏的重要标志。我们需要跟人交流，分享自己的喜怒哀乐和真知灼见。我们需要与他人建立切实的互动，借以证明自己的存在。我们看重人际关系，因为只有通过人际关系我们才能感受到自身的价值，证明自己有人关心、有人在意。人际关系为我们提供了宝贵的机会，能让我们与他人建立深刻的联结，只有这样，我们才能发挥创意，才能为晚年的生活注入活力。

人际关系多种多样：可以长久，也可以短暂；可以随意，也可以浓烈；可以肤浅，也可以深刻；可以间断，也可以连续。人际关系可以意义深远，也可以无关紧要；可以不堪一击，也可以坚不可摧；可以问题重重，也可以轻松和谐；可以是刚刚建立的，也可以是久经考验的。

另外，产生人际关系的理由和根基也不尽相同：可以源于相互的情感支持，可以根植于彼此由衷的爱意，也可以是由恨生爱、不打不相识的产物。人际关系可以基于互惠互利，可以是习惯成自然，也可以源于双方或单方的恐惧心理，毕竟谁都不想落单，谁都害怕孤独，谁都不想让人觉得自己不被待见。人际关系的维系可以得益于一方的主动，若双方都没意见，关系便可以一直持续。人际关系可以是双方志趣相投、目标一致的结果，也可以是彼此往来以实现各自利益的结果。当然，人际关系还可以是一种必需品，源于一方或相互的情感依赖。

对有些老年人来说，亲密关系本身就是幸福晚年的保障。但对另一些人来说，亲密关系虽然重要，却不足以填补晚年生活的所有空虚。也就是说，我们还需要积极参与社会：发挥余热，做出贡献，追求崇高的精神价值，加入某个团体或组织，培养兴趣爱好，追求活到老学到老的境界。对很多老年人来说，亲密关系的缺失是晚年幸福的最大杀手，甚至可能给整个人生蒙上阴影。或者与之相反，有些老年人对亲密关系并没有特别大的需求。

人老了，如果之前的亲密关系中断了，想要培养出新的关系着实不容易。双方都可能感到羞涩或尴尬，谁也不想主动敞开心扉。但是，如果没有人际交往，我们就会心若浮萍，总会感觉无依无靠。

大多数人都希望能与外界建立积极有效的联结：彼此关爱，共同生活。但是很不幸，有时候，我们就是不得不分道扬镳，原因多种多样：出于某种担心，因为彼此不够了解，因为不够喜欢、不够尊重、彼此攀比，或是因为诉求不同、性格不合、三观不一致。

步入晚年，人际关系虽然会带给我们很多困难和问题，但大多数人还是希望拥有亲密的关系或可靠的友谊，同性也好、异性也罢，我们都需要彼此关爱、呵护、牵挂、尊重、欣赏、信任以及赋予彼此存在的意义。我们都渴望从亲密关系或情感牵绊中获得关爱，包括各种情真意切的互动、积极向上的力量。我们希望对方能像关心自己一样在乎我们，当然对方对我们也会有同样的诉求。步入老年后，大多数人最在意的就是是否有人喜欢、有人关心，可以这样说，随着年龄的增长，这样的需求不仅不会减少，反而会大大增加。亲密关系带给我们的身体互动及温柔体恤能让我们提升自尊，这对健康的情绪和身体有着至关重要的作用。人老了，自然会对自己的魅力有所怀疑，所以才格外需要外界的认可。究竟谁能满足我们这方面的需求？自然是那些不嫌弃我们的配偶、家人、邻居、子女、隔代人、朋友。

我们希望从亲密关系中获得各种情感支持：温暖陪伴、身体接触、性爱关系、开诚布公的交流、敞开心扉的对话等。在亲密关系中，我们要体恤对方的需求，并做到及时满足。最理想的状态是不必刻意，一切都是有感而发的，像关心自己一样关心对方，给予对方安抚和支持、慰藉和尊重。

若能认识到人际关系的精髓和孤独的本质，我们就能找到办法消解孤独，找到愿意与我们共度余生的朋友和爱人。

人际关系的问题和困难

正常的人际关系都会出现各种挑战，我罗列了一些在建立新关系和维系旧关系时经常遇到的问题和困难，供大家参考。

当失去真爱时，无论是生离还是死别，无论是友情还是爱情，我们都会觉得没人能够替代他们在我们心目中的地位，所以主观上我们就会丧失建立新的联结以填补空虚的意愿。

随着时间的推移，我们或许会有断断续续或支离破碎的人际交往，也可能拒绝他人或遭到拒绝。我们或许已经与子女形同陌路；或是厌倦了某段关系，因而渐行渐远；也可能因为经历了太多摩擦和怨怼、太多恶语和争执而不得不分道扬镳。

在回顾这些半途而废的人际关系时，我们可以问问自己，我们是否愿意做些什么来与他们重修旧好。如果答案是肯定的，我们可以恢复哪些关系，而哪些依旧会让人感觉痛苦、失望、仇恨和怀疑？抑或这些情感已经消退，我们可以尝试迈出一小步，找回曾经的情谊？

如果某段关系根本无法被修补，我们应该能够明确感知到。我们拿不准的是该与谁重修旧好，该如何迈出第一步。另外，我们对自己可能不太有信心，担心自己无法建立或维系一段关系。有鉴于此,我们究竟该如何确定修复关系的对象,又该如何打开局面与对方取得联系呢?我们是否可以求助第三方,让他们从中牵线搭桥?你能想到有谁可以从中斡旋吗?

即使有了一定的意愿,我们也可能缺乏足够的动力去建立人际关系。羞涩腼腆、担心被拒、缺乏自信以及之前失败的经验,都可能成为我们成功路上的绊脚石,我们总是担心别人对我们根本没有兴趣。我们还可能害怕被人际关系分去太多精力,唯恐自己没有足够的驾驭能力。不管你担心的是什么,请记住,我们都可以迎难而上,最终一定能到达幸福的彼岸。

你或许还没想明白自己是否需要一段人际关系。你或许希望结识朋友、爱人,却总是以失败告终。喜欢我们的人已被我们拒绝,我们喜欢的人对我们又不动心,感情的事实在太复杂了,很难说清道明。

我们或许会因为与对方性格不合、志趣不同而对一段关系感到失望,或许会因为一段感情太过肤浅——对彼此了解不够——而认定其并非真爱。

有时候,一段关系中可能有太多的摩擦和误解,太多的推诿和谴责,所以就算分开了,双方依旧痛苦万分、耿耿于怀。有时候,我们感觉自己在一段感情中丧失了尊严。有时候,我们可能太过苛刻,或是对方太过贪心,归根结底都是因为爱得不够,无法满足彼此对关心、温暖、承诺的需求。

我们还可能在一段关系中失去了自由,感受到巨大的压力;或者在我们需要对方时,却发现对方根本靠不住。我们可能发现一段关系充斥着太多的虚情假意，或者出于某种原因，这种关系会让我们产生恐惧或不快。

有时，某段关系并非我们的主动选择，我们只是迫于外界压力不得不继续维系。而现在，我们想摆脱桎梏，却苦于不知该怎么做。

一段关系如果持续了很长时间，双方就很可能进入"自动模式"，与彼此的相处已经成为一种习惯，根本感受不到快乐或热情，却又不知是否该彻底结束。我们或许需要某段关系，因为彼此可以互为依靠，但内心又对这种依附关系十分不满。有时候，我们明显感觉到彼此只是在将就，但想到要彻底分手又会不舍得。我们会担心自己因不懂珍惜而放弃了宝贵的感情，也害怕一旦分手就只能孤独终老。

人际关系可能会有很多遗留问题，有些我们甚至不清楚问题的症结所在，只是单纯地感觉缺乏应对的勇气。或者我们知道问题出在哪里，却因为对方心存芥蒂或无法共情而找不到开口的契机。又或者我们找到了问题所在，也跟对方摊了牌，却未能找到恰当的解决办法。

我们渴望自己的隐私得到尊重，或是由于自身个性太强，我们无法容忍对方介入自己的生活，这也会成为人际关系的障碍。相反的情况是，我们有太多的人际交往，交流太过频繁，最终导致自己过于疲惫，没有时间放松，甚至彻底丧失了自我。

我们可以仔细审视这些问题，找出自己在当下人际关系中的困难所在，然后问问自己，究竟有没有意愿做出改变。如果有，请从以下几种方式中找出对自己最有效的，具体包括：不加干涉、直接面对、置之不理、予以否认、认真对待、实现超越、探索路径等。

积极社交与离群索居

积极社交，还是离群索居？这一选择无疑会影响我们当下及未来的人际关系，但同时也取决于我们积极社交的动力和意愿。

步入晚年，我们会变得愈加矛盾和纠结。一方面，我们会有离群索居、切断社交、与世隔绝、一心只过小日子的冲动。另一方面，我们又渴望融入群体、参与社会、加入政治活动。人老了，终于有更多的闲暇时间了，我们可以把之前错失的社交生活都找补回来。不同的人会喜欢不同的社交方式，还可能会在不同的冲动和心态之间来回摇摆。

你会在减少和增加社交活动之间左右为难吗？面对集体活动你会在回避与积极主动之间一筹莫展吗？你会因疲惫或无趣而产生"何必呢？"或"无所谓"的心态吗？抑或你已经整装待发，迫切渴望参与新的活动、加入新的集体，希望自己不断"加油！"，继续为团结友爱的社会贡献绵薄之力？你热衷于社会、政治、经济、娱乐活动吗？你会如何平衡离群索居与融入社会之间的矛盾？你会感到进退两难，不知该融入集体、参与公益，还是该独善其身、超凡脱俗吗？与人为伍需要耗费精力、付出干劲、发挥想象，需要本人渴望参与集体生活。相反，超凡脱俗则源于被动心态，因为精力不如从前，所以对当下的社会变化已经不太关心。我就感受过内心的各种拉扯：我想得过且过，不愿与他人为伍，不想为难自己，只想舒适安逸地生活；我担心自己过于忙碌，耗费了大量时间和精力，最终却丧失了自我。然而，这些心态似乎又与我每天的表现自相矛盾。我总是一大早就斗志满满地爬起来，迫不及待地参与我选择的各项活动，与志同道合的人一起为共同的目标付出努力。

大多数人在面对离群索居还是融入社会这一问题时，都可以按照自己的意愿做出选择，可以选择前者，也可以选择后者，可以选择避世绝俗，也可以选择发挥余热。

那么，你又是出于什么原因做出了怎样的选择呢？一方面，你或许选择了避世绝俗，因为你想轻松度日，不愿为难自己，不想参加活动、待人接物。或许外面的世界令你感到危险，所以你想安全地躲在家里。之所以选择避世绝俗，也可能是因为世界对你不公，你曾经受到伤害、遭受痛苦，所以你对它有不满、有怨怼。或者你觉得自己无论做什么都无济于事，你已经屈服于绝望、放弃努力，反正你的行为毫无意义，根本不会有人在乎。另外，你可能有太多需要应付的难题，根本没有时间、精力、意愿去参与公益。

另一方面，你也可能愿意参与公益——因为你喜欢助人为乐，帮助他人总能带给你更多力量，让你感觉生活更有意义。你可能很在乎他人过得好不好，或是我们的地球是否在有序运转。你可能想要保持与世界的深度联结,渴望把社会建设得更加美好。你是否已经拿定主意,想好了要与他人一道发挥余热?还是你已经打算向命运投降,做一天和尚撞一天钟?

如果你已经做出选择,决定积极融入社会,下面的内容或许能让你认清社交方向,了解发挥余热的具体方法。

你可以尝试加入一个定期讨论时事新闻的小群体,或一个每周一起做祷告的小组。或者你更关心气候变化及环境恶化等问题,如果是这样,你也可以加入某个环保组织,与大家一道为减少环境污染和资源破坏做出贡献。

当今社会充斥着太多社会、政治、经济等方面的问题,你完全可以找到发挥余热的途径。比如,你可以收养无人照顾的小孩,给予对方隔辈人的关爱,也可以选择为贫困家庭的小孩做家庭教师。你可以加入反对核试验的组织,也可以加入政党俱乐部,为你支持的候选人或政党服务。

你还可以在当地社区找到自己的用武之地。你愿意在十字路口引导小学生过马路吗?你愿意在当地博物馆担任讲解员吗?你愿意在社区医院提供志愿服务吗?或者你愿意在少管所帮助问题少年吗?为情感受挫的人答复热线电话呢?还是在课外班教小朋友做手工?社区中心有很多适合老年人参与的公益项目和集体活动,参与其中能给你的身心带来巨大的好处。如果你所在的社区没有上述项目,你可否亲自动手打造一个?

你还可以考虑成为公益团体或人道组织的成员,一方面可以提醒自己继续做个好人,另一方面也可以向人们证明,这世上还是好人多。我相信,在这一过程中,你的人生会发生前所未有的改变。

直面现实与逃避真相

有时候,我们可能很难决定究竟该直面现实,还是逃避真相——是该勇敢面对,还是该视而不见。

你的性格是选择勇敢面对,还是视而不见?世事难料,我们只要活着就必须直面很多问题,其中哪个问题你最不愿意面对?如果了解自己,知道自己的性格,明白何时可以面对、何时可以逃避,当再次面对某个棘手的问题时,或许你就能做得更加从容。

我们活在世上,不可能永远逃避,有太多事等着我们去面对和解决。但话说回来,我们其实每天都在逃避、否认、无视——很多事情会让我们感到不快,会对我们造成伤害,甚至让我们无法承受。如果不必为这种逃避付出高昂的代价,我想大多数人都会不假思索地做出这一选择。

认清现实的本质

在面对现实之前,我们需要知道什么是现实。有时候,现实显而易见,就摆在我们眼前。但很多时候,现实可能疑云重重,充满了未知,比如老年人的脑力是否会退化?在这种情况下,我们就需要认真观察、反复测试、仔细评估,最终才能对现实及其影响做出初步判断。

面对现实其实是一个非常复杂的过程，第一步就要求我们对新情况加以判断。我们需要问自己很多问题：这件事情已经火烧眉毛了（比如腿部骨折），还是可以慢慢应对（如轻微咳嗽、轻微感冒）？

这件事属于短期状况（如手上长倒刺、感冒了、手腕烫伤了），还是会长期存在（如患上了慢性病）？也可以这样说，我们要判断某种情况到底有没有可能向好的方向转变。

某种情况会保持不变，还是会不断变化？就拿老年人的短期记忆衰退来说，这种情况一旦成为事实，可能就不会再改变；而有些情况会持续变化，不一定是好转，可能是继续恶化，如年纪增加而造成的精力不足。因此，我们需要具体情况具体分析：现在的情况如何？未来会发生怎样的变化？当然，有些情况我们可能很难做出准确判断，比如车祸后我们可能出现严重的头痛，但并不清楚这种状况是否会一直延续。

还有一些情况也很不明朗，可能会有多种解读。比如，如果你的某位朋友脾气很差，而且经常冲你发火，对他进行判断或许没有什么难度。但是，如果你的朋友突然对什么事都不感兴趣了，那么你可能很难了解对方的真实状况。有人可能认为他是心情抑郁；有人可能认为他只是刚刚经历了不幸，不想与人沟通；还有人可能认为他只是在思考问题。很多时候，人们对同一件事会有不同的解读，想到的应对手段自然也会有所不同。

所以，我们还得继续刨根问底。这种状况是刚刚出现吗

（如步伐不稳的现象）？还是之前就有过，现在再次出现，所以你对其并不陌生（如短时间的头晕）？这种状况会对我们的身体健康和人身安全造成威胁吗（如视力下降、听力丧失）？抑或不会有太大影响？

这种状况到底严不严重？有办法解决（如胳膊上长了个疖子）吗？还是无计可施（如黄斑变性造成的视力下降）？如果可以解决，你想要自己完成，还是需要他人的帮助？还是说你想等到日后再去处理？

情况的出现可能经由不同的路径：有些源于某种事故（如摔跤导致肩部扭伤），有些则属于衰老的必经阶段（如衰老导致的视力和听力下降）；有些属于无心之举（如你的态度问题导致一段关系的破裂），有些属于一时糊涂（去危险的地方散步，结果遭遇暴力而导致受伤），还有一些则属于有意为之（如选择难度极大的数学课程）。另外，人生在世，任何人都可能遭遇爱人身患重病的不幸。面对不同的状况，不管是主动选择还是无奈之举，不管是源于事故还是自然发生，我们都必须想好应对的态度和手段。

是否应该面对现实？

有时候，我们并非有意选择逃避，而是下意识就没把某种状况当回事，若不是出现了其他状况，我们很可能一直对其视而不见。有时候，我们可能会主动选择逃避，在这种情况下，我们需要考虑很多因素，然后判断是否要面对现实。

有时候，状况出现的特殊方式让人更容易积极面对。比如，状况非常严重，而且持续存在，已经扰乱了你的生活，导致你不得不正视该问题（即便你没有采取甚至尚未打算采取任何行动）！有些状况可能会严重影响你的情绪，比如让你心生恐惧，担心危及自身健康甚至生命；或是让你心情抑郁，其危害甚至不亚于真实的病痛。所有这些因素都会左右你的决定。

如果你选择正视问题并采取行动加以应对，你的生活将受到多大影响，影响会持续多长时间？如果你选择视而不见，情况又会如何？面对现实会影响你的情绪吗？如果选择逃避，情绪波动是否会小很多？又或者，鉴于现在你有更加紧急、棘手的事情要处理，你想把问题留到将来？

若选择面对现实，你必须采取什么行动？行动会带给你什么身心上的痛苦吗？你会优先处理身体功能障碍这类问题吗？在应对困难时，你身边会有其他人陪伴和支持吗？

某种状况你需要长期应对，还是短期内你就能解决？不同方法会造成不同的结果吗？积极应对、消极应对，哪种方式对你更有利？换句话说，现在处理和未来处理会对你造成哪些身体、情绪、经济和社会上的影响？现在是应对问题的最好时机吗？用何种姿态面对能让你感到踏实和心安？

步入老年，有些现实问题或许需要我们静下心来好好思考：我们可以面对现实，认清真实的自己，也可以选择继续逃避。但如果你选择了前者，愿意面对真相、了解自己，或许你会发现更加优秀的自己！也许你更善良，更关爱他人！当然，你也可能发现自己很糟糕，自私、刻薄、冷漠，相处起来让人很不舒服。

我们在面对社会关系，尤其是那些重要的关系时，同样有不同的应对方式，既可以选择正视，也可以选择逃避。若选择正视某种关系，你可能会收获意外之喜，也可能会感到失望，但不管正视问题带给你的是痛苦还是快乐，至少你可以清楚地知道自己在这段关系中的位置。

我们面对衰老也是如此，可以选择正视，也可以选择逃避。若选择了前者，你便可以更好地调理身体，调整情绪。当然，这么做也可能带给你担忧、恐惧和无助。反过来，你也可以选择否认或逃避，让自己在短时间内或在相当长的一段时间内远离不安和焦虑。

面对疾病和残疾，我们也可以采取不同的态度，可以面对，也可以逃避。选择面对，就意味着你承认并接受自己的身体状况，或许还会采取行动加以应对，包括调整情绪，培养身残志坚的心态，不让残疾摆布你的人生。然而，如果始终不愿承认疾病的存在，你很可能因没有及时治疗而贻误病情。

最后，死亡也会让我们产生截然不同的心态：忧虑恐惧、接受现实、安心做好准备等——阶段不同，状态也会不同。有些人会选择逃避和否认，具体做法也有区别：有些人下意识觉得自己可以长生不老，永远无须面对死亡；有些人认为死亡太过遥远，现在纠结根本没有必要。

面对现实的具体做法

面对现实需要做几件事：增强意识、正确判断、认真对待、积极处理。你可能在与之缠斗的时候倍感纠结，所以需要找到适合自己的方法，最终才能做到全力以赴。

前面我们说到面对现实和逃避现实，但大家要清楚一点，面对和逃避的程度是不同的。对于某些事情，你可能会选择全身心面对；但对另一些事情，你可能只会稍加留意，甚至可能会不闻不问；还有一些事，你可能会选择间歇性关注，至于何时关注取决于你的情绪变化和能量水平。

总的来说，我们面对现实的方式主要取决于情况本身及其后续影响。我们可以选择正面面对，快速采取行动（若感觉耳朵发炎，就直接去看医生）。或者你可以选择放下焦虑，接受现实（若耳朵出现问题，听力严重下降，你需要佩戴助听器）。

当然，我们也可以给自己一些缓冲，慢慢消化，慢慢吸收。比如，你突然得知一位挚友被确诊癌症，只剩下六个月的生命。刚听到这个消息时，你的第一感觉是难以置信——他看起来很健康，精力也很充沛啊！接下来，震惊的情绪就会慢慢得到缓解，看着对方日渐消瘦，你会开始接受他时日无多的事实。

此外，我们还可以蔑视现实，即从心理上战胜它。"有肺炎又如何？肺炎也挡不住我出门。"我们也可以理性面对：对之前从未出现或一味否认、拒绝接受的情况，我们要先做到真正理解、认真感受、积极接纳、刻骨铭心，然后考虑要不要采取行动。比如，你很可能就是因为经历了这一系列过程，最终才接受了爱人出走的事实。

哮喘已经成为我生命的一部分,所以我必须学会与它相处。同样的道理,大家也要学会接受现实,有些问题可能会伴随我们一生,直到我们离开人世。

逃避现实

你可能会觉得,否认现实或逃避现实是人之常情,并不一定就是坏事。没错,面对现实有时的确会造成心理恐惧,让人无法继续前行。但是,有时否认或逃避现实可能非常不明智,因为在我们视而不见的过程中,情况可能会恶化。问题是,什么情况下我们可以逃避或否认?逃避或否认到什么程度为宜?怎样做才不至于带来太大风险?有时候,曲解、回避、否认事实可能的确对我们有利,可以让我们维持尊严,让我们觉得自己并没有错,让我们可以从对自己有利的角度看待问题。积极幻想可以带给我们希望,提升士气,让我们对未来抱有正向的期待,由此得以继续奋勇向前。问题是,这样的希望可以维持多久?我们无法预判幻想何时破灭,一旦破灭,曾经的希望就会瞬间变成绝望,我们将无法再逃避。讲到这里,我想起了尤金·奥尼尔的戏剧《送冰的人来了》,故事的主人公长年混迹酒吧,有一天他终于走出去,看到了外面真正的世界。但他很快发现,面对现实实在太难了,于是选择回到酒吧,继续熟悉的虚幻生活。奥尼尔想通过这个故事告诉读者一个道理:人类如果失去幻想,失去逃避现实的能力,或许真的就无法继续活下去了。

面对令人不快的现实，很多人的第一反应就是逃避或无视。没错，逃避现实的方法很多，逃避的程度也不一样，可以稍加留意，也可以彻底克制，可以是刻意为之，也可以是无心之举。

逃避现实的做法也可能属于无心之举。比如，你根本没有意识到自己的视力在下降，即使有人提醒你，你也会矢口否认。当然，你也可以选择搁置现实，日后再去面对——胃痛了几个月，你始终拒绝就医就属于这种情况。或者你隐约或偶尔发现自己听力有所下降，但大多数情况下你会忘记这一事实，或对其置之不理，仿佛没有这回事，继续正常地生活。或者在面对某种情况时，你可能会感到非常害怕，当被迫面对时，你可能会选择逃避，甚至死不承认——例如，很多人在面对HIV（人类免疫缺陷病毒）检测结果呈阳性时的反应就是如此。你也可能会否认自己才华的流逝，比如有些芭蕾舞或歌剧演员明明没了之前的优异表现，却坚持要登台亮相，结果可想而知。

有时候，正是因为拒绝面对现实，你才会做出逃避的选择。你可能已经认识到问题的存在，但依旧选择置之不理，认为它不会造成什么后果；你也可能认识到了它的存在，却不想当即处理，觉得日后再处理也没关系。或者你可能会选择自欺欺人，继续对其抱有幻想，安慰自己事情并不严重，不会对你造成什么影响。

我们中的一些人对待现实的态度比较矛盾，既想面对，又想逃避，两种态度总是交替出现，在最终确定应对方法之前，我们会一直游移不定。当然，我们也可能始终在左右摇摆，在面对死亡连同死亡带给我们的恐惧时，我们的态度大多如此。

所以，问题的关键是，在面对和逃避之间找到最佳的平衡点。对一些具体问题我们必须想好何去何从，如果选择面对，还要考虑清楚面对的时间、方式、地点及在场的同伴。面对的过程十分艰难，我们需要了解情况、认清事实，必要时还得采取积极的行动。即使做什么都已无济于事，我们也能知道自己的真实状况。如果问题真的无法被解决（或无须解决），那么逃避可以让我们——暂时或在相当长的一段时间内——降低恐惧、减轻痛苦、消解疑虑。当然，逃避也存在一定的负面结果，但是为了更加从容而高效地活在当下，我们可能依旧愿意做出逃避的选择。

依靠他人还是自力更生

步入晚年后，大部分人都希望自己能够像年轻时一样，依旧可以掌控人生，依旧可以独当一面，做到自己决策、独立自主、自主执行、自己行动，盼着自己能够腿脚灵便、活动自如，渴望自己能够遇事保持警觉，继续绽放生命的活力。我们希望自己能做些力所能及的事情，保持令人心情舒畅的人际关系，参与喜欢的工作并做出切实的贡献。我们希望自己能做到独立自主、自力更生，但同时也希望能与他人互帮互助。

如果不得不依靠他人，那么每个人的心态也可能不尽相同，有些人会怒不可遏，有些人会绝望不已，有些人则会欣然接受。随着年龄的增长，人们会越来越多地依赖他人，越来越需要他人的帮助：可能是偶尔的一点儿小忙，也可能是固定的帮扶，还可能是彻底离不开他人的照看。人生就是如此，我们虽然渴望自力更生，却不得不依靠他人，在这种情况下，我们一定要学会接受现实，要承认自己能力有限，用正确的心态面对他人的帮助。要想做到这一点，我们先要正确判断自己的能力，不要自视过高，但也不要妄自菲薄。

自视过高意味着过分夸大自己的能力，甚至可能因为逞强导致身体受伤。妄自菲薄的情况刚好相反，这种人一点儿努力都不想做，凡事只想依靠他人。那么，我们该如何在二者之间取得平衡呢？在需要他人帮助时，千万不要逞强，在身体机能不断衰退的情况下，我们不仅要知道究竟哪些事情需要他人帮助，还要清楚需要对方帮忙到何种程度。我们不仅要了解自己的真实状况，还要对相关情况有正确的判断。此外，我们又该如何在自力更生和依靠他人之间取得平衡？如何在基于自身能力和条件的情况下做出符合现实的恰当选择？我们既不能过分依赖他人，也不能为了自尊不计后果。我们要根据自己的身体状况、情绪感受及外界环境的变化随时对自己的能力做出判断，并做出相应的调整。这也就是说，我们必须清楚地认识到自己的能力，知道自己什么时候需要他人何种程度的帮助。究竟谁才能对这些问题做出正确的判断？我们自己的结论值得信赖吗？我们能指望别人帮我们做出判断吗？

我发现，情绪状态经常左右我们的决定：对于自己无法完成的事，我们可能会执意拒绝他人的帮忙，甚至不愿承认有这样的需求；对于自己可以完成的事，我们又可能出于情绪预设觉得自己能力不足、无法驾驭。如果是前者，我们需要解决过度逞强的问题；如果是后者，我们需要应对过度依赖的问题。

倔强的代价

　　我记得我曾经非常抵触服用固醇类药物。最初诊断患上哮喘时，我的医生就叮嘱我，服用固醇类药物可以控制我的病情。但我认识的一位心理学家持反对意见，他也患有哮喘，一直通过行为疗法给患者治疗，所以他不建议我服用固醇类药物，担心会形成药物依赖。他认为——也有一定的科学依据表明——患者一旦开始服用固醇类药物并持续一段时间，身体就会产生依赖，再也无法停药了。不仅如此，从长远来看，依照每日摄入量以及用药时长的不同，固醇类药物还可能对内脏器官造成或大或小的伤害。我本来就对固醇类药物心存抵触，再加上这位心理学家的背书，在确诊后的前九个月我一直拒绝服用固醇类药物，结果病情越来越重。在九个月的时间里，我的哮喘发作了好几次，两次进了急诊室，还有两次不得不住院治疗。但即便如此，我也无法下定决心，六十七岁的我必须想好，未来的日子真的要靠药物活着吗？然而，九个月过去了，很明显，我若想正常生活——哪怕只是为了活着——就不能再拒绝固醇类药物，我的哮喘症状已经越来越严重，发生的频率也越来越高。最终，在医生的坚持下，我终于同意每日服用5

毫克的泼尼松，没想到病情迅速好转，生活也基本恢复了正常。就这样，我接受了自己对固醇类药物的依赖，而且内心十分清楚——虽然不是带着迫切或愉悦的心情，但至少也能让我松一口气——我在未来很长一段时间内可能都离不开它了。

优雅受助

我们要知道，每个人都有依赖他人的时候。

我记得自己在度假返程时托运了两个大箱子，在前往行李领取处时我手里还提着一个登机箱。同乘的一位中年男乘客看到我的情况，主动提出帮我把行李箱从传输带上搬下来，并把我送到打车站点。整趟航班我俩都坐在一起，一路交谈甚欢，但听到他的话，我的第一反应是：我自己能处理，不需要帮忙。他肯定是把我看成身患哮喘、腰膝无力的老人了。没错，在谈话的过程中，我的确提到了自己的身体状况。不过，我转念一想：我自己处理这么多行李确实有点儿勉强，对方力气比我大，又是真心想要帮忙，我为什么不能欣然接受呢？于是，我请他帮忙搬运了行李，对他表达了感激之情，他似乎也很开心。

当然，有时候，即使有足够的理由接受他人的帮助，我们内心也免不了一番挣扎，总惦记着要自力更生，不想求助他人。为何会如此呢？可能是我们觉得这样做意味着自己无能，失去了对生活的掌控，继而就会丧失自尊，觉得自己一无是处。你若一直都是个独立自主的人，那么让你主动（或被动）放弃掌控权确实不太容易。你很难将自己托付给他人，即便对方是权威人士或专家也很难让你感到心安，毕竟，你这辈子最在乎的就是自立自强，就连依靠药物这件事都让你难以接受。你内心抗拒的声音可能会一直回响，所以你会用各种方式表达内心的情绪。在最终认命之前，你会一直否认，一直抵触，一直拒绝。你不可能在一朝一夕承认并接受自己需要帮助这件事，这很正常，你心里可能充斥着各种无可奈何的可怕想象，担心自己变成植物人，或是患上痴呆。我们会因为丧失了对生活的掌控而沮丧失落、愤愤不平、心有不甘，我们可能会出于理性或感性为自力更生做最后的坚持，我们会尽力掩饰自己的无能，尽力减少暴露的概率。事实上，问题的关键是，我们要了解何种方式、何种程度的依赖才会导致绝望，你会因为依赖他人而感到遗憾、尴尬、无望、羞耻吗？

依赖他人带给我们的感受往往取决于为我们提供帮助的人：他们能与我们共情吗？他们了解我们的需求吗？他们会鼓励我们做力所能及的尝试吗？他们是高高在上地可怜我们，还是会让我们在自己擅长的领域有所表现？他们会不会依旧保持对我们的尊重，告诉我们需要帮助并不妨碍独立人格？

珍妮特·贝尔斯基在她的《不远的将来》（*Here Tomorrow*）一书中提到了一项研究，充分证明了接受帮助的人内心的痛苦。研究显示，研究对象"哪怕接受的是来自家人的帮助，也会想方设法加以回报，但凡感觉有所亏欠，心情就会抑郁……所以，如果不得不接受他人的帮助，我们可以想办法给予回报，并告诉对方这样做能让自己更加心安"。[①]

有些人可能永远不会承认自己需要帮助，有些人随时随地欣然接受他人的帮助，还有些人真的能做到实事求是、量力而行，他们不会对此大惊小怪、小题大做。或许，我们可以找到一种合适的方式，既可以接受必要的帮助，又不必伤害自己的尊严，真正做到恰到好处：当你确实需要帮助时能主动提出，对合理的帮助能欣然接受，对不必要的帮助懂得如何拒绝，会在自己的能力范围内亲力亲为。

我的好友乔希在车祸后终于可以下床了，他立刻就冒出了自立自强的想法。刚刚能坐上轮椅，他就开始拒绝帮忙，非要亲自推动轮椅；待到能勉强从轮椅上站起来，他又拒绝他人的帮助，坚持要自己扶着扶手站起来；再后来，他终于可以挂着拐杖走路了，哪怕别人只是想扶他一下，他也会断然拒绝。出院时，他坚持自己上、下车，快到公寓时，他再次表现出自立自强的性格：公寓前有一条十五米左右的小路，多少还有点儿上坡，他执意不让别人帮忙，自己挂着拐杖一路走了过去。他说："我希望自己能够量力而行、尽力而为。"他真的说到做到了。

希望与绝望

一首著名的诗说，"希望即永恒"，但它未曾提及失望和绝

[①] Janet Belsky, *Here Tomorrow* (Baltimore: Johns Hopkins University Press, 1988), 132.

望，要知道，这两种情绪也是人类的常见情绪，到了晚年尤其如此。[①] 我们要想晚年过得快乐、充实，就必须在希望和绝望之间找到一种平衡，想办法给自己更多希望，进而缓解绝望的情绪。

人这一生，一定都体会过希望，也都感受过绝望。越是上年纪，就越会频繁地感受到两种情绪的拉扯，所以我们要协调处理，尽量让二者相安无事。有时候，希望和绝望仅有一线之隔；有时候，希望和绝望可以和谐共处；有时候，希望和绝望会交替出现，一方会占据上风。无论是哪种情况，我们都要知道，希望和绝望是两种重要的情绪，若想安度晚年，我们必须对其加以重视，绝对不能等闲视之。

我们应该将二者视为光谱的两端，一端是令人痛苦的绝望，另一端是无限的希望，而我们身处二者之间，情绪既可能相对稳定，也可能大幅波动。既然希望所占的比重可能随时发生变化，我们不妨试试自己的"火暴程度"，看看自己的情绪何时会发生转变，或许光谱的中间就代表了两种情绪的制衡。希望也好，绝望也罢，并不与特定时间或特定情景直接相关，即使倍感绝望，希望也不会彻底消失，否则人类根本无法坚持到现在。或许希望和绝望是两种普遍存在的情绪，会一直贯穿生命始终，又或许它们只会在特定的时间和情景下出现，只会对特定的人造成影响。

---

① Alexander Pope, *An Essay on Man*, Epistle I, 95.

绝望究竟是怎样一种体验？人在绝望时会感觉凄惨无助、前途无望，仿佛整个世界都黯淡无光。对内心的凄冷我们无计可施，只能一味地忧伤、一味地抑郁。我们甚至会感觉命运对自己不公，无论做何努力都无济于事，不幸总是与我们如影随形，未来的生活也只会江河日下。

希望刚好相反，如果内心充满希望，我们就会觉得生命大有盼头——心愿终会达成，或许是因为自己命好，也可能是因为老天看到了我们的努力。所谓怀抱希望，就是相信某些愿望一定能够实现，只有怀抱希望，才能感到生命充满了热情和阳光，才会期盼明天的到来，眼光也会放得更加长远。希望能够鼓励我们坚持不懈——继续奋斗，继续抵抗，百折不挠。有了希望，面对艰难险阻我们也能坚持到底，不会轻言放弃。希望能给我们无限的动力，让我们坚信未来一定会更加美好。绝望的人可能会说："何苦呢？真的毫无意义！"所以，他们随时都想放弃。但怀抱希望的人相信情况一定能发生改变，内心的愿望一定能变成现实。希望能带给我们生命的力量，能燃起我们的斗志，坚定我们的决心，让我们面对困难仍坚持不懈。绝望却总是给我们泼冷水，告诉我们："放弃算了！"如果内心只有绝望，那就什么事都做不了。如果能够怀抱希望，任何困难都挡不住我们前进的脚步。绝望可能会让我们轻易认命，希望则时不时为我们注入动力，让我们继续坚持。

我用下面的表格对希望和绝望进行了对比，若是怀抱希望的人与深陷绝望的人展开对话，双方大概会做如下交流：

怀抱希望	深陷绝望
我总觉得生命不够长,我希望自己能活得再久一些,希望生命永远不要走到尽头。	我早就活够了,已经随时准备离开。我甚至觉得生命已经结束。
我可以掌控自己的人生。	我感觉自己已经无法承受生命的沉重。
我想要与人为伴。	我完全没有见人的意愿。
尝试新事物无所谓早晚,即使上了年纪,我也可以拓展兴趣爱好。	现在做什么都为时已晚,我每天只是在混日子,根本没有方向和目标。
我感觉自己精神抖擞、活力四射,对生活充满了热情。	我感觉自己垂垂老矣、身心俱疲、情绪低落。
此刻的生命虽然不如年轻时蓬勃,但依旧美好,依旧值得我为之努力。	年华老去,美好时光一去不复返,未来黯淡无光,毫无生气。
我会继续好好生活,每天都要过得充实快乐。	生命毫无意义可言。
我每天都会兴冲冲地起床,迫不及待地开始有意义的一天。	老天哪,我恨死起床了,根本不想开始新的一天。就不能让我在床上多赖一会儿吗?
我想做的事情太多,总觉得时间不够用。	我什么都不想做,生活了无生趣。
我热爱生活,总是主动寻找机会,探索未知领域。	日子简直糟透了,一无是处,毫无意义。我无可奈何,却也无能为力。
我从不觉得生活无聊。	我对生活彻底丧失了欲望,找不到活着的意义。我总是感觉百无聊赖,对什么都提不起兴趣。

怀抱希望	深陷绝望
我希望自己能继续改变，继续成长。	我已经耗尽力气，不想再为改变做任何努力。
我能感受到有人很在乎我，我还能为他们提供力所能及的帮助。	根本没人在乎我，我也不在乎任何人、任何事。
对于未来，我不太恐惧，内心十分安定。	我非常害怕，非常绝望，恐惧未来的生活，感觉自己什么都做不了，只能坐以待毙。
我会小心呵护自己，不让自己受伤，我会努力保持身心健康。	我经常不小心受伤，包括身体伤害和心理伤害。我从不知道自我保护，总是任由伤害发生。
晚年是人生新的阶段，其间我们会遇到意外的惊喜。每天都预示着新的机会和可能性，我们可能会结识新的人，会获得新的想法和感受，还会拥有新的体验。	晚年就意味着生活的停滞和生命的衰退，意味着结束，不再有任何希望和乐趣，剩下的只有无尽的凄凉、空虚和暗淡。
我的精力还很充沛，即使生病或遭遇不幸，我也会努力保持积极心态。	我十分疲惫，十分难过。生活太沉重了，我简直无法忍受。疾病和不幸彻底击垮了我的意志，令我心情压抑。
我会努力拓展自己的兴趣爱好，我懂得生命的意义，会继续为关心的事业贡献力量。	我根本不想再培养什么兴趣爱好，我每天都在混日子，没有目标和方向，终日无所事事。
通常情况下我都很乐观，对生活充满了热情。	通常情况下我都很悲观，郁郁寡欢。

绝望从何而来？

寻找希望的来源或许并不容易，但绝望的根源似乎不难寻找。造成绝望的理由实在太多了，比如艰难、痛苦、不安的童年，疾病或其他不幸和灾难，天生的性格，抑郁的心理状态，对死亡的恐惧，由于遭遇背叛、抛弃而导致对某个人、某件事、某种情感关系的幻想破灭，父母、爱人或子女的离世，等等。

我们知道，寂寞、疲惫、无所作为、毫无目的会让人感到绝望，事实上，身体功能和心理状态的退化也会让人陷入绝望。

绝望的根源远不止这些，但这并不意味着上述情况只要发生，就一定会导致绝望心理。

我记得自己哮喘最严重的那段时间也曾感到绝望，担心自己再也无法回归正常生活，无法拥有正常感受。于是，我想尽办法，希望自己能够走出绝望心态。我记得自己也想过"放弃"——缴械投降、坐以待毙，沉浸在压抑痛苦中无法自拔，根本看不到活着的意义。不过，我也记得内心有个微弱的声音一直在提醒自己：不，不能放弃，我要重新找回生命的支点。我不能被病魔打败，不能让它左右我的情绪、心态和心情。就这样，虽然病情在不断加重，我的意志却变得更加坚定，我要坚持学习，我要逆风翻盘。就这样，我在意志消沉和重燃希望之间来回摇摆，我清楚地感知到内心两股力量的较量和交锋：我是想继续活下去，还是想彻底了断？当绝望时，我已经能做到视死如归，毕竟死了便不再需要忍受身心的痛苦。但求生的我似乎也变得更加坚定，丝毫没有离开的打算，心心念念要好好活下去。这对儿极致的矛盾——渴望生命还是一心向死、坚持还是放弃——其实正是希望与绝望的角逐，二者的战斗一刻都未停止。我时刻关注着自己身体的变化，呼吸的节奏与深浅、胸口的压抑与轻松、精力的流失与恢复。哮喘来袭，我会心生恐惧，丧失斗志；待到症状好转，我会重燃信心，告诉自己不必杞人忧天。症状的轻重会影响我内心的压力程度，同时还伴随着希望与绝望的变化。如果症状严重（比如胸口发紧、痰液黏稠、呼吸不畅），我的心情就会一落千丈。不过，可能只是一会儿，胸口的压力就缓解了，呼吸也随之变得顺畅，我会重拾信心，坚信自己能够战胜病魔。如果某天各种症状同时出现，我就会胡思乱想，想着自己将一病不起，直到最后成为一个"废人"。如果某天症状减轻，身体感觉很舒服（至少不那么痛苦），我会再次燃起对生命的希望。我仔细观察自己心理的变化，发现它会一直在恐惧死亡和期盼好转之间来回变化。于是，我跳脱出造成心理变化的生理原因，开始留意自己情绪变化的规律，竟然因为意识到情绪在希望和绝望之间的变化而获得了一丝欣喜。于是，我愈加留意自己的心理变化，慢慢发觉即使身体状况不佳，我也能勉强控制自己的情绪。

希望何在？

我们一定要找到希望的源泉，并迈开追逐的脚步。

以下仅举几例：

- 各种好运气
- 天生就是个乐天派
- 成了爷爷奶奶、外公外婆
- 身边有乐观向上的榜样
- 拥有精神信仰
- 了解能够让人心生希望的环境和场景，能够做出勇敢高尚的行为（比如参与保护犹太人的行动，躲避纳粹的迫害，或者加入阻止猎杀濒危动物的团体）
- 受到他人奉献或创意举动的鼓舞，因自己战胜艰难险阻而产生信心
- 关心晚辈的成长，帮助他们进步
- 营造让人感到充实欣慰的人际关系和社会环境
- 拥有幸福的原生家庭
- 在某个领域已经取得一定成就
- 坚持参与自己关心的有意义的社会活动
- 保持与他人互相关爱的关系

如何在没有希望的地方唤起希望？如果生命中无法避免绝望的情绪，如何保证希望情绪占据主导地位？如何巩固信心，守住希望的阵地？当深陷绝望时，不管是悦纳还是抵触，究竟如何才能做到化悲痛为力量？如何摒弃绝望心理，做出实质性

改变？如何在绝望和希望之间找到一种平衡？永远心怀希望的美妙之处在于，它可以彰显我们的信念感，不仅能够证明我们对生命、自我和他人的信心，还能促进我们不断努力，治愈内心的伤痛，打造关爱团体，拥抱美好的明天。

至于大家能否实现我们前面提到的三个目标——正视自身问题、拥有幸福晚年、成就更好的自己，很大程度上取决于诸位能否在精力充沛、信心满满与萎靡不振、深陷绝望之间找到一种平衡。我们在努力与命运抗争、期盼拥有充实的晚年生活时，内心的状态是希望还是绝望？你的答案决定了你在上述困境中的选择。如果我们能够解决希望和绝望之间的矛盾，未来的生活一定会更加幸福。

本章提到了很多相对的情绪和心态，要知道，各种矛盾之间的摩擦、冲突、拉扯并非一朝一夕就能得到解决，它们不仅会影响我们的情绪，还会消耗我们大量的精力，降低我们的生活质量，让我们无法活得快乐而尽兴。因此，我们一定要找到二者之间的平衡点，接受人生的困境，尽快做到面对现实。具体建议如下：

积极面对人生，充实地度过每一天；（尽你所能）正视现实；尽量做到自立自强；内心怀抱希望，对未来保持乐观；在维持亲密关系的同时拥有独处空间；走出家门，参与活动，认识世界。此外，我们还要尽量克制消极的心态，避免与世隔绝的生活。我们要尽量减少对他人的依赖，但在真正需要帮助时也不要逞强。我们要克服绝望心理，想办法找到生命的希望。

第四章

延展你的意识

人的意识有多深远,灵魂就有多自由。

———

卡尔·荣格
《心理学与炼金术》

事实上，许多能够帮助我们拥有幸福晚年、成就更好自我的方法都离不开一个词，那就是"意识"。只有延展意识，才能发现自身的问题，才能找出解决问题的方法，才能实现心中的目标。本章将探讨一些延展意识的方法，进而帮助大家提升晚年生活的质量。

人类与其他动物最大的区别就在于拥有思考能力，既可以反思自己、揣度他人，也可以就所见所闻进行深入分析。我们有能力全方位、多角度地思考人生，用我们的理解诠释所处的世界。我们可以回顾过往，也可以展望未来，可以思考目的，也可以研究手段，以及二者之间的关系。

正是由于这种独特的能力，我们才能形成意识，体会到不同事物对我们造成的影响。我们可以变得更加谨慎、更加敏锐，可以更加清晰地了解自身的想法、感受、行为以及与外界互动的方式。

活在世上，我们很多时候都处于一种梦游的状态，仿佛在半梦半醒之间体验一种自动模式！然而，我们完全可以延展意识，更加清醒地认识到周围的事物。

休斯顿·史密斯在他的《人的宗教》一书中说过，佛教相信"悟性——那种从行尸走肉般无意识的状态中解脱出来的自由状态——是通过自我意识实现的。为了获得悟性，我们需要深度了解自我，凡事都要在乎细节，做到'实事求是'"。[①]

意识具有一种特殊功能，能够帮助我们留存生命的痕迹，

---

① Huston Smith, *The World's Religions* (New York: HarperCollins,1991), 110.

如果没有意识，生活就会变得了无生趣，我们仿佛在世上白走了一遭，什么都没有留下。每个人都会对生活有或多或少的认识，但我们的意识水平还有待提高，一定要避免让心烦意乱、心不在焉、忧心忡忡等因素成为延展意识的绊脚石。另外，延展意识可能会与根深蒂固的习惯背道而驰，但只要坚持不懈，我们就一定能收获延展意识带给我们的诸多益处。

延展意识有助于我们：

- 增加智慧，保持积极人格；
- 加强对世界的探索、感知和融入；
- 提高自身的观察力，加深对自己的心理状态、身体机能、人际关系和相关体验的了解；
- 看清内心与外界的联结；
- 认识到年龄歧视与年龄固化的存在；
- 增长本领，打造心仪的人设；
- 更好地掌控自己的生活；
- 抵抗衰老的负面影响，拒绝消极被动、无所事事、了无生趣的晚年生活；
- 认清衰老的自己，更好地应对困难；
- 拥有更强的共情能力；
- 对自己做出正确的判断，提升自尊自信；
- 面对混乱的生活，重新找回失去的平衡；

・了解现在的自己，认清当前状态与理想状态之间的差距。

说了这么多，我们如何才能延展意识呢？或许可以从这句老生常谈的话开始："停下脚步，仔细观察，用心聆听。""停下脚步"是为了聚焦注意力；"仔细观察"和"用心聆听"就是通过各种方式用心体会、洞察眼前的一切。也就是说，延展意识可以帮助我们从目光涣散、忧心忡忡、心不在焉的状态转变成目光专注、用心思考、聚精会神的状态。这种意识可以培养我们对内心世界及外面世界的敏感认知，让我们清楚地认识到自己的真实处境。当然，这也可能是个无意识的过程，导致我们不会多加思考。但无论如何，我们都可以延展意识，改变自己无意识的习惯，获得有意识的全新体验。

下面我就给大家介绍一些延展意识的具体方法，这些方法已经在我身上被验证是有效的，相信也有助于各位。方法的排序不分先后，你可以按照任何顺序尝试自己喜欢的方法。我相信，大家只要稍加练习，就一定能感受到延展意识的美妙之处。

观察周遭的一切

我们可以放松、悠闲地观察周围事物，尽情地享受。我们可以用余光感受色彩的变幻和运动的轨迹，也可以聚焦眼前的画面。我们可以先扫视一周，然后找出能够激发自己兴趣、担忧或关切的具体场景。我们的最终目的就是学会本能地感受、了解周遭的一切，这样做，具体情境和相关细节就会自动进入我们的视野，成为我们的观察对象。仔细观察需要我们尽可能地留意周遭的变化，不轻易放过任何细节。

> **日本**
>
> 身处日本的一座花园中，我惊诧于它的精美，迫不及待地想要了解它的一切，试图将所有细节变为记忆：设计别致的水塘、盛放的花朵、奇形怪状的树丛、妙不可言的氛围、奇思妙想的布局。领略过所有细节，我开始体会其中的神秘，思考为何会有如此奇妙的体验。我多想在京都多留些日子，可是行程不允许，真是太遗憾了！

洞察每一处细节

我们得先做到观察周遭，之后才能洞察细节。洞察细节需要我们仔细观察周围的一切，尽量做到清晰、准确。我们看到的东西越多，就会变得越细心、越善于观察。

我们要认真留意自己和他人的行为，尤其可以关注当下的人、事、物（包括我们自己），我们也可以观察自己与外界的互动。如果太多的变化让我们感到眼花缭乱，我们还可以聚焦于自己关心的细节。

我们可以凭直觉留意眼前发生的事,然后有意识地将其记在脑海里。所谓洞察细节,还意味着我们要判断事情对我们造成的影响,包括影响发生的时间、地点和方式。

纽约地铁

我每次去纽约,内心都会产生莫名的恐惧,担心遭遇暴力事件!毕竟我听到过太多类似的故事。我走进地铁站,站在站台上,等待着地铁的到来。我环顾四周,观察周围的情况。(这里有多少人?都是些什么人?他们长什么样?他们手上都拿着什么东西?具体站在我的什么位置?距离我有多远?有没有长相凶狠的人?)然后我把目光聚焦到某位个体或某个群体身上。他们在干什么?他们会对别人进行人身攻击吗?他们会小偷小摸吗?我一直盯着他们,观察他们的一举一动。他们在做什么?在朝什么方向走?他们有没有做出不同于正常乘客的异样举动?我不会放过任何一个可能的细节,若对方有任何过激举动,我一定要在第一时间做出判断。同时,我没有忘记留意自己的内心状态。我很警觉吗?我会因过度恐惧而无法动弹吗?我在脑子里的胡思乱想会分散我的注意力吗？我要努力听清他们的对话，看清他们的面孔。他们是在骗人吗？是在闹着玩吗？我能从他们的只言片语中察觉到危险的信号吗？他们穿着怎样的衣服？若是藏着武器，我能看出来吗？站台上的其他乘客对他们有何反应？被我锁定的人是否有了新的动向？他们要走去哪里？我继续向自己提问：我是在杞人忧天，还是在居安思危？我的观察准确吗？有没有夸大的成分？或是我的观察还不够仔细？我一边观察周围人的动向，一边细心思考。一切都发生得太快了，地铁很快就到了，"那帮家伙"根本没有跟着我上车，我悬着的心终于放了下来。

上地铁后，我在心里思忖：我刚刚是在犯傻，还是太现实了？真的有必要如此谨慎和恐惧吗？还是我对纽约地铁有什么误解？我是因为胆小才紧张兮兮，还是有充分的理由在仔细地观察？如果真的遭遇攻击，我的提防能有帮助吗？还是我只是在一厢情愿地告诫自己不能打无准备之仗？之后，我的内心又产生了一丝愧疚，竟然无端猜忌一群无辜的陌生人，人家根本就无意伤害我啊。我能从这件事中总结出什么教训吗？下次我会应对得更好吗？最终，我得出了答案，为了自己的人身安全，早做提防没有错，千万不要等到为时已晚再后悔。

深入体会

深入体会要求我们仔细观察周遭，进一步理解事物的本质。为了做到深入体会，我们要敞开心扉，充分利用感官、动觉及直观感受，真正做到感受当下，细心聆听每个字、每个音调、每个细节，感受对方的真实意图。同时，我们还要感受其中的情感基调——情绪的浓烈或平淡。最初，我们或许觉得观察到的信息非常模糊，令人迷茫、困惑，但只要我们学会解析，积累更多经验，感受就会越来越明确，最终我们一定能清楚地观察到事物的变化、互动、关联。

深入体会除了需要体悟周遭环境，还需要留意我们的反应以及我们的内心状态。只有这样，我们才能真正感受到事物，才能用心去体会、用大脑去判断，才能发现并确定它们对我们的意义。之后，我们还要审视自己的想法、感受、知觉、态度、观念以及在观察现场时产生的模糊的认识。最初，内心活动可能会在意识层面闪进闪出，但最终会被固定下来，被吸收并转化为我们的宝贵经验。

我的身体

自从患上哮喘，我慢慢学会了观察自己的身体。

第四章 延展你的意识

因为每六个小时我就得使用一次支气管扩张剂，每天还要服用固醇类药物并做两次雾化，所以我要留意身体的各种变化。尽管要一直惦记这些治疗，但我常常能以一种超然、好奇、探索的眼光看待这一切。我注意到由于长期使用固醇类药物，我的手臂在与硬物接触时特别容易出现淤青，手背和手臂上因此留下了很多斑点。

对于皮肤上各种难看的瘀伤——深深浅浅、大大小小——我竟多少有些喜欢。它们烙印在我的手臂上，甚是显眼，仿佛是在提醒我摄入了太多固醇类药物！不过，这些瘀伤似乎也有好处，至少是我与病魔顽强抗争的勋章，所以我并不特别反感。再说了，我知道那些瘀伤会慢慢消失，眼下也算是手臂上的一种装饰，否则光秃秃的胳膊也没什么看头。

有时候，哮喘会突然发作，我听着自己伴着哮鸣音的沉重呼吸，那种感觉既陌生又熟悉，我会莫名紧张，既害怕当下所看到、听到、感受到的状态和内心的直觉，又本能地好奇其中的缘由。仔细感受身体细微的变化是一种非常神奇的体验，我会竭尽所能想出应对的办法。呼吸困难，气短急促，稍加用力便筋疲力尽——这些都是危险临近的信号。虽然吃药本身的感觉很不好，但更令我抓狂的是要时刻惦记吃药这件事。

  我每次感冒，肺部都会发炎，痰一直卡在肺部，怎么咳都咳不出来，有时一咳就是几分钟，甚至半个小时。咳痰总是有个奇怪的点位和对位，咳嗽一阵，咳出痰来，再咳一阵，又会咳出更多的痰，到最后，才终于感觉肺里干净了。不过，整个过程非常漫长，我每次都会疲惫不堪。咳嗽越是不见成效，人就越是疲惫；人越是疲惫，就越是咳不出痰来，情绪也就越是焦虑。如果能咳出一点儿痰来，进入肺部的空气就能增加一些，当我不再嘶哑咳嗽时，呼吸也就顺畅了，肺部能够正常工作，我也就解脱了。不过，我突然意识到，若是能把整个过程记录下来，不仅非常有趣，而且可以给以后的自己留作参考。诉诸笔端的客观描述似乎还缓解了我身体上的不适，我一边记录，一边回顾整个过程，笔下的经历仿佛并非我的切实体验，我仔细观察、认真记录，内心也得到了些许安宁。

  我仔细观察自己，并在咳嗽的间隙记录下身体真实的感受，这些都对我大有裨益。我可以一边与病魔抗争，一边潜心写作。当然，在咳嗽间隙或刚有好转时就动笔写作，难度着实不小。每次战胜哮喘后，我都会筋疲力尽，不服老真的不行了。不过，

第四章 延展你的意识

77

> 战胜哮喘也会让我产生一丝成就感。虽然我会呼吸急促，会担心堵塞的肺部，但一想到自己竟然还有力气、意志和力量与病魔继续战斗，想到自己没有坐以待毙，我就会为自己感到骄傲。斗争的过程和胜利的结果一样重要，正是在斗争中我体会到永不放弃的生命力量。若能用心体会症状突发和好转的过程，或许不必刻意努力，我想要的结果自然就会出现。
>
> 我知道，每次胜利只能说明我暂时战胜了病魔，真正的战争远没有结束，病魔会卷土重来。但哪怕只是暂时的胜利，我也要好好生活，也要尽情地享受人生。

反思自我

观察之后，我们要做的就是反思。当事情发生时，我们很难一下子理出头绪，很难彻底吸收、感知其深远的意义，很难判断它与其他事件或经历的联系。只有等到事情结束，我们才能抽丝剥茧，慢慢体会其中的真谛。我们可以试着探索记忆表层的想法和感受，看看我们是否拓展了意识的边缘。我们在对某件事情、某种形势、某些关系进行观察后，最好反思一下自己形成意识的过程，以便日后能够更加投入地体会类似的经历。我们在探索自身想法和感受时，可能会通过某种滤镜，有些滤镜的确可以让我们看得更清楚，想得更深刻，但有些滤镜会蒙蔽我们的双眼。我们若想延展意识，让自己看得更清晰、更准确、更全面，就必须发现并超越自身局限。当然，这话说起来容易，做起来却颇有难度。

如何做到一日三省吾身？

反思观察。我们可以反观自己，想象之前观察到的事物，设法记住并重现当时的场景。我们要努力寻找可能被自己篡改或曲解的事实，可以问自己如下问题：我的观察是否准确？哪些地方容易判断错误？我错过了哪些信息？我如何知道自己错过了什么？反思的过程有没有涌现出大量之前被自己忽略的信息？

反思所见。我们观察的体验如何？观察的过程有没有受到干扰、打断或限制？我们看到的一切能否还原真相？我们能体会到自己观看的过程吗？当观察时我们处于何种状态？

反思体会。我们可以想象自己体会周遭时的状态。我们体会得够仔细吗？在用心体会时我们感受到了什么？我们如何看待自己体会的过程？

反思感觉。我们能够感受到特定情境下自身的感官印象、身体信号、直觉体验吗？如果当时感受不到，事后可以加以总结吗？

反思所闻。刚刚听到的声音清晰吗？我们的交流有效吗？我们会不会曲解了某些话？有没有不同的理解角度？如果出现

第四章 延展你的意识

信息缺失，现在能否将其补全？

　　反思专注。我们能否准确地判断出自己刚才是否做到了全神贯注？我们有没有开小差？一旦溜号，我们能及时叫停吗？我们可以通过练习和训练提升自己的专注力吗？

　　反思反应。我们对自己当时的反应有何感想？我们的做法得当吗？符合当时的场景吗？我们的反应是否扰乱了我们的意识？

　　反思认知。我们相信外在事物能够改变内在体验吗？我们吸收、理解外在事物的方式是否有效？我们会质疑自己对事物的理解吗？

　　反思经历。我们可以反观自己的各种经历，我们的感觉是否"良好"？获得这些经历的是我们本人吗？我们体验到的经历与现实一致吗？回顾那些经历，我们有何感受、想法和见解？

　　反思感受。我们此刻以为的当时的感受的确是当时的感受吗？现在有没有新的感受？我们还会用之前的方式描述自己的感受吗？又或者有了新的描述方式？

　　反思意识。我们是否了解自己通过体验、观察获得了怎样的意识？它们真的会进入意识层面，成为我们的记忆吗？我们的意识还有提高的空间吗？如果有，我们能想到延展意识的具体方法吗？

交通意外

我在街上目睹了一场交通意外，有人受伤了，但我看得并不仔细，因为害怕自己心痛。不过，我还是强迫自己认真观察，结果发现是一位年轻人骑着摩托翻了车，伤到了自己的膝盖。周围的人都想帮忙，我在车里等着事情的进展。很快就来了一辆救护车，年轻人被抬上车拉走了。我开始感觉到恐惧和不适，开始担心在中国西藏独自旅行的儿子，生怕他遭遇危险，受到伤害。我开始胡思乱想，把所有危险都想了一遍。他可能会搭乘一辆大卡车，卡车行驶在崎岖狭窄的山路上，结果却不幸发生了侧翻。他可能会只身行走在偏远地区，不小心摔断了脚踝，却找不到人帮忙。我赶紧叫停自己的游思妄想，再次回顾刚才的可怕想法，我对自己说："你看看你，竟然产生了这么多可怕的想法！你为何会这么想？可别再胡思乱想了！"于是，我开始思考自己为何会陷入这种恐惧和忧虑的情绪。

延展意识是个困难的过程，需要我们拓宽边界、实现超越。另外，我们还要仔细留意、深刻体会日常生活中自己的所作所为、所思所想、所闻所感。

留存记忆

我们越想留存记忆，就越容易遗忘，现在我就跟大家分享一些我觉得切实有效的提高记忆力的方法。

第一，想起来就做——如果想到某事，只要条件允许，就尽快去完成，缩短思考和行动之间的距离，如此就能减少遗忘的概率。

第二，尽量避免三心二意，努力把注意力放在一件事上。没错，就是要做到全神贯注！不要让自己被无关的想法、感受和幻想干扰，如果还有任何东西可能扰乱你的记忆，你要学会及时叫停，暂时将其放在一边，待到你已做好记录或彻底完成了任务，确保自己记住当下，再去应对新的问题也不迟。

第三，不断在大脑中重复自己想要记住的东西。重复的过程就是加深记忆的过程，我们在确保记忆万无一失或将其记录在案以前，要一直在大脑中重复，这样它就会被烙印在记忆深处，不会被过早地遗忘。

第四，反复确认自己的记忆是否正确。你以为完成的事情真的被完成了吗？是否有些事（如拉上窗帘），你以为自己做了，其实并没有做？待到发现真实情况，你会忍不住懊恼吗？反复确认可以有效避免类似情况的发生。

第五，培养技能，留存记忆。举例来说，你可以把事情写下来，放在自己容易看到的地方。我会怎么做呢？比如，我知道自己下午两点要吃药，所以，如果在下午一点想起了这件事，我就会当即把药放在眼前，这样，到了下午两点我就不会再忘记了。

最后，我们再来说说耐心的重要性。如果你忘了想要记住的事情，千万不要操之过急，你越是逼迫自己，就越是想不起来，不妨静下心来慢慢等待。我就是如此，如果我能放松心态，或是安慰自己"早晚都能想起来"，遗失的记忆通常就会自己找上门来。

客观与超然

虽然我们希望自己能够做到绝对客观，消除以往认知的干扰，但绝对的客观根本无法实现。我们无法做到客观地看待自己，也无法消除对爱人、亲人、朋友和所闻所见的偏颇认识。然而，这些都不应构成我们放弃追求客观的借口。我们可以试着找出自己固有的思维方式和性格特点，尽量减少它们对我们的束缚。同时，我们不要让个人利益影响自己对外界的观察和理解，避免按照习惯的方式做出直觉反应。

总之，要想延展意识、认清现实，我们必须努力挣脱个体偏见、刻板印象及习惯性误读对我们的桎梏，我们要清楚地认识到文化对我们理解事物的方式所造成的影响。

我们所处的文化会给我们戴上一副有色眼镜，可能很宽容，也可能很狭隘；可能高度聚焦，也可能有点儿迷离；可能是显微镜，也可能是望远镜；可能会降低我们的认知，令我看不清真伪，也可能提高我们的认知，帮助我们做出清晰的判断。这些滤镜必不可少，没有它们，我们就无法正常工作，但我们也要清楚地意识到，它们必定会受到文化的影响，用各种先入之见、偏见、狭隘的方式蒙蔽我们的双眼，左右我们的判断。若想拥有更清晰、更准确、更全面的意识，我们就必须认识到这些屏障的存在，只有这样，我们才能实现最终的跨越。

保持客观和超然对我们来说意义重大，因为这样我们才能体验到获得真相的成就和力量。

我们的观察和意识是否有效或真实，很大程度上取决于我们看待事物时客观和超然的程度，如果事情关乎我们个人的道德、感受、欲望，那就更需要抽离出来，做到客观和超然。大多数人只会看到自己想看到的，听见自己想听见的，只会发现那些能够证明自己想要相信的事实的证据。对那些挑战我们想法的人，我们会本能地产生反感，对那些相反的意见，我们甚至会选择置之不理。我们总是理所当然地认为大多数事情就该如此，总是一厢情愿地觉得以传统、公认的视角看待问题就是在追求实事求是。

我知道，大家可能会觉得某些观点很陌生、很可怕，但不要因此畏惧接纳全新的视角。只要做过思考和检验，就算没有其他收获，我们也能更好地拓展思维、扩大视野，也能更勇敢地接受前所未知的可能性，发挥想象，看到事物的"另一面"。

克拉克·克利福德在1991年4月1日的《纽约客》上发

表了一篇文章,其中提到了一种提高客观性的方法:

> 肯尼迪即使在有压力的情况下也能保持客观。我感觉他在处理个人危机或职业危机时总能跳脱出来,用第三者的视角观察问题的本质。他在参与一些有争议的话题的讨论时,我总感觉他的思想已经离开了他的身体,正在以一种超然甚至是看热闹的视角做出独立的观察。仿佛有个声音一直在提醒他:"这件事从当下——甚至是超然的——角度看,的确生死攸关,但五十年后它还会如此重要吗?一年后呢?我千万不能因为关心则乱而影响了自己对它的判断。"①

要想实现客观公正、消除偏见,我们要努力做到:

- 切忌过分评判他人的行为,要努力看清事实的本质。
- 即使对自己不利,也要寻求真相。
- 认清自己的偏见并加以克制,在判断形势发展、人际互动时,要考虑个人偏见可能造成的影响。
- 暂停和质疑自己根深蒂固的想法,即使只是暂时的。尝试接纳相反的观点,看看会出现怎样的结果。
- 当遇到截然相反的想法时,尝试摆脱自己的固有观念,承

---

① Clark Clifford and Richard Holbrooke, "Serving the President: The Truman Years—II," *New Yorker*, April 1,1991, 67.

认并接纳对方的价值认知，即使他们与你的认知存在巨大冲突，也要给予其合理的空间。认真听取对方的观点，充分理解其中的含义，了解其真正的意图。即使最终无法改变自己的想法，我们也能学会更好地理解、尊重他人的立场。

- 认真梳理既有文化对我们造成的影响，包括想当然的思维和认知方式、自己认为正确的价值理念、自身对人性及人类境况的判断、原本的生活方式以及我们需要恪守的约束条件等。我们要找到自身的文化束缚，在做判断时对其提高警惕。问问自己对所处文化能否全盘接受以及背后的具体原因。然后试着超越那些无法接受或心存疑虑的部分。

- 对于多角度、多观点的话题，不妨"尝试"将不同观点与自己的观点逐一比对，尽量做到客观公正。试着从每个角度去考虑，看看这样会不会对自己的想法和感受产生新的影响。

- 设身处地思考其他文化的价值理念及意识形态，看看有没有办法做到求同存异，认真想想如何才能维护自己的文化价值。

- 思考除了自己日常处理问题的方式还有没有其他办法，除了我们对世界的认识，还有没有其他世界观存在。

- 跳脱出原本的自我及我们所处的环境，以他人视角重新审视自己及自己的信仰。

> ### 我的课堂
>
> 我在自己教授的课上要求所有学生每节课必须出席，如遇特殊情况，务必提前跟我请假。某天，一个同学没来上课，也没有事先给我打电话，我内心对她十分不满。下次课再见到她，我依旧耿耿于怀，于是问她上次缺席的原因。她回答说她母亲去世了。我回应道："哦，好吧！"（仿佛是在告诉对方，这个理由我可以接受。）可这几个字刚说出口，我就意识到自己太无情冷漠了，甚至是缺乏人性。我马上跟对方道歉，并表达了自己对她母亲的哀悼之情。之后，我便对自己的狭隘态度和无理反应进行了反思，我想知道自己为何会因教师的职责而忘记了生而为人的本性。最终，我找到了答案，我太过在乎自己建立的所谓规矩以及身为教师的权威，甚至忘记了人与人之间最基本的关心和爱护。我痛恨这样的自己，发誓再也不会让类似的情况出现。

建立独特的视角

我们老年人因为活得久，所以多年的经验会影响我们的意识、想法以及对事物的判断。我们之前遇到也解决过各种危机，我们知道时间会给出最终的答案，我们在生活中有过各种突如其来的惊喜和挑战，我们懂得生命无常的道理，所有这些都是宝贵的历练，都能让我们变得更强大。只要静下心来认真思考，我们就能总结出这些影响人生的哲理，就能将其应用于类似的场合。它们会影响我们看待自我、他人及宇宙的方式，会帮助我们更好地解读世间万物。这一独特视角可以让我们透过现象看到本质，可以为我们提供重要的参照系，让我们正确看待人生、看待世界。总而言之，一个广阔而深刻的视角可以帮助我们：

- 分辨出稍纵即逝的肤浅和长久永恒的深邃，让我们拥有正确的价值观、信仰和行为方式。
- 更充分地意识到代际传承的意义，将自己视为人类进化的媒介和中转站。
- 深入洞察生与死的联系和无奈。
- 接受并欣赏人生的烦琐与简单。
- 看破每个成年人心中永远住着一个少年。
- 理解机遇和意外对命运的影响。
- 明白人类个体生命的无常以及人类作为物种的永恒。
- 认清个人不过是人类整体的一部分，但依旧可以为人类发展尽绵薄之力。
- 思考所谓的宿命论，如果真的有，我们的命运将会怎样。

- 学会透过现象看本质，看清他人、审时度势，解读各种人际关系，了解万物的真谛。
- 认识到生命的可能性和局限性。
- 拓宽视野，不要只关心自己的一亩三分地，要关心世界的问题。
- 用更加包容、全面的视角看待地球上万物相互依赖的关系，尤其要理解我们与自然和谐相处的意义。
- 发挥想象力，对自己喜欢的事物要敢于创新、大胆开拓。
- 以史为鉴，用历史的眼光看待眼前发生的事，培养跨文化视角，正确看待自身文化与其他文化的关联。
- 培养正确的宇宙观，不仅要了解人类的发展史，还要了解整个地球和宇宙的演变。
- 找到人类行为的基本原则和普遍真理，形成具有代表性的高尚道德观。

广阔而深刻的视角可以帮助我们打开人生的格局，让我们变成更好的自己。

> 在七十九岁的玛丽安娜眼中，人生就是一连串随机偶然的事件，很小的事情也可以像滚雪球一样越滚越大，造成无比深远的影响，让她变得更加仁慈、更加睿智。因此，对她而言，人生最重要的恰恰是各种巧合和意外，正是这些小事决定了人生的走向。

冥想与祷告

每天花一点儿时间做做冥想和祷告可以大幅增强我们的意识。冥想的种类很多，大都可以帮助我们静下心来，提高我们的专注力。不管是冥想还是祷告，二者最大的共同点就是找个专门的时间，安静地坐着，训练内心的定力，专注于一些恒定的事物，如呼吸或诵经等。这种头脑练习如果能做到每天坚持，就一定能带给我们长久的益处。

哈佛医学院的赫伯特·本森博士曾经针对冥想对健康的好处做过大量研究，他发现冥想除了能让我们内心平静、神清气爽、精神放松，还能改变我们的脑电波，继而全面改善我们的健康状况，甚至能够治好头痛和高血压。本森博士在研究中采用了一种改良的冥想形式，名为"松弛反应练习"。他说："有个年轻人本来有非常严重的焦虑问题，经常会莫名其妙地感到恐惧、紧张、担忧，严重时甚至会浑身发抖，但经过两个月的松弛反应练习，他的上述症状几乎全部消失……他本人认为正是松弛反应练习提高了他的生活质量。"[1]

祷告是个体与自身所信奉的精神现实之间所做的交流，属于一种私人行为。每天（或每隔几天）做一次简短的祷告可以让人内心平静、精神安宁，可以让我们与伟大的力量建立起有效的联结。如果心静了，我们自然就可以提高专注力，纵使生

---

[1] Herbert Benson, *The Relaxation Response* (New York: William Morrow and Company, 1985), 166.

活再纷繁复杂，我们也能做到活在当下。如果与精神世界有了联结、得到了抚慰，我们自然可以延展意识。遇到问题，只要能对自己的想法和感受做到深度接纳、冷静观察，我们就能找到全新的解决方法，获得平常难以想象的深刻见解。

培养幽默的心态

一个人如果总能发现生活中滑稽、荒唐可笑、幽默的情景，那就说明他具有一定的客观性。幽默感的培养和表达不仅有其自身的价值，还能彰显客观公正的魅力。我们每次开玩笑，特别是在吐槽自己时，都是在超越自我。自我解嘲可以让我们用全新的视角看待自己，幽默和欢笑都是非常宝贵的情绪释放，可以让当下成为欢乐、有趣、闪光的瞬间。幽默还能缓解压力和不适，减轻内心的焦虑，让沉重的气氛瞬间轻松下来。幽默能够帮助我们更好地应对那些爱较劲的人。在一个群体中，幽默能够让人卸下心防，主动分享，让我们充分认识到人类的共性。

诺曼·卡曾斯称得上利用欢笑疗愈病痛的先驱。他因罹患重病住院期间，每天都会通过观看喜剧团体马克斯兄弟的电影让自己大笑几个小时。自那以后，越来越多的研究显示，欢笑可以提高人体免疫力，同时还能消减压力带来的副作用。毫不夸张地讲，欢笑可以带给我们各种各样生理及心理的益处。卡曾斯在他的书中写道："欢笑非常有用，我惊喜地发现，短短十分钟由衷的开怀大笑可以发挥麻醉剂的作用,帮我暂时缓解疼痛,让我可以睡上两个小时的安稳觉。待到大笑的止痛作用慢慢消失时,我就再次翻出搞笑的电影,期盼能重新迎来无痛的间隙。"[1]

上述所有操作都可以帮助我们延展意识,但最重要的是,要付出努力、勤加练习、坚持到底。我们使用的手段越丰富,对世界的认识就越深刻,从中获得的回报也就越明显。

---

[1] Norman Cousins, *Anatomy of an Illness as Perceived by the Patient: Reflections on Healing and Regeneration* (New York: W.W. Norton & Company, 1979), 39–40.

第五章

摆脱年龄歧视

年龄歧视是一种专门针对老年群体的偏见和诋毁，不仅违背人性，而且为我们安度晚年设置了巨大的障碍。年龄歧视的现象非常普遍，已经成为社会根深蒂固的认识，所以，无论是受害方还是加害方，都可能意识不到歧视的存在。

除了年龄歧视，我再给大家介绍一个新词——"年龄固化"，希望能帮助大家加深对年龄歧视的认识。所谓年龄固化，指的就是外界强加给老年人的各种束缚和排挤。我们老年人能够扮演的角色——就像很多演员一样——已经被彻底定型，除了"老人"（及类似形象），我们似乎没有其他选择。老人成了男人、女人之外的第三类人，而且，即便是这个不被待见的角色，我们也不知道自己还能扮演多久。总之，我们毛病多、难伺候的负面人设已经深入人心。老年群体不仅会遭遇年龄固化，还会被烙上年龄歧视的印记，导致我们无法摆脱被禁锢、被贬低的二等公民的角色设定。我们已经不再是正常人，彻底处在年龄歧视投射的阴影中。

然而，我们要知道，老年人不必为年龄歧视或年龄固化所框定，我们大可以追求心中的目标，越是有悖于社会预期的目标，我们越是要大胆追求。我们要知道，老年人也可以拥有年轻人的特质，也可以活泼热情、生机勃勃、激情四射、富有远见、乐观向上。

年龄固化和年龄歧视之所以如此普遍、如此根深蒂固，甚至成为一种广泛的共识，背后自然离不开各种文化因素。我们虽然不能将其归于任何单一原因，但普遍的年龄歧视多少能反映出我们文化中的一些核心观念。

美国社会依旧高度重视个体差异，我们崇尚独立自主，鄙视依赖他人，全世界的价值观应该都是如此。虽然我们也知道这世上不存在绝对的独立，人类要想持续生存，不仅要依靠彼此，还要依靠地球上的其他物种，但每个人还是会努力做到凡事靠自己，尽量不依赖他人。然而，老年群体的存在却在反复提醒我们，人类离不开彼此，只要活得足够久，最终必定需要家人或专业人士的照顾。可惜的是，美国多年来一直崇尚个人主义，这种道德观念不会考虑得那么长远，因而无形中助长了针对老年群体的歧视，生活不能自理的老人尤其成了众矢之的。

年龄歧视之所以如此普遍，另一个因素是美国社会对金钱的崇拜。我们的社会讲究金钱至上，一个人若不能养家糊口，甚至无法维持自身的尊严，无法证明自我的价值——对男性来说尤为如此。按照这种逻辑，人一旦退了休，一旦无法继续赚钱，似乎就与靠救济度日、无家可归的穷人一样，成了社会上可有可无的废物。这种想法简直荒唐至极，我们怎么可以用工作和收入来定义一个人的价值？

同样成为年龄歧视幕后推手的还有存在主义的哲学逻辑，即人类对死亡的恐惧。老年人是离死亡最近的群体，他们的存在会时刻提醒我们"人终有一死"的残酷现实。我们一直在努力无视或否认死亡的现实，反映到具体的操作上就变成了排斥先行奔赴死亡的群体。老年群体的存在会时刻提醒那些恐惧衰老的人，他们不喜欢看到自己未来的样子，于是便迁怒于这些传递坏消息的信使。

此外，美国社会普遍崇尚青春活力，我们的电视文化更是如此，从来都在大肆宣扬美丽的外表，而内在的品格往往无人问津。

亨利·米勒在《经验之歌》中讲到了一段采访内容，借此分享了他的独特视角：

> 七八十岁的老年人往往比年轻人更富青春活力，他们的青春才是真正意义上的青春。你们明白我的意思吗？只有思想和精神的年轻才是真正的青春，才是永恒的青春。①

我们的社会对速度和效率的过度追求正在把老年人推向社会的边缘，他们就像被淘汰的旧机器一样。

年龄歧视和年龄固化正在以各种形式伤害老年人的自我认知：来自他人的羞辱、贬低、诋毁，以及外界对我们的尊严和价值的否定。我们有过太多类似的经历，所以已经能够预见他人的负面态度，所以才会恐惧那一天的到来。

伤害自我认知的方式可谓多种多样，但无论是哪一种，年龄歧视和年龄固化都可能成为其帮凶。我们老年人常被视为累

---

① Henry Miller, "Interview with Henry Miller," interview by Digby Diehl, quoted in *Songs of Experience*, by Margaret Fowler (New York: Ballantine Books, 1991), 51.

赘。用人单位会拒绝聘用上了年纪的人。对政府机构来说，我们不过是个抽象的数字。即便是那些专门为帮助老年人而设立的机构，也总是对我们颐指气使。此外，老年人更是企业在裁员时首先考虑的对象。有时候，的确很难判断我们遭受的不公是因为他人的年龄歧视，还是单纯出于我们自身的原因，不管出于哪种原因，若是任由这种伤害继续发展，不去奋起反击，久而久之我们就会心生恐惧，踟蹰不前。

除了年龄歧视和年龄固化，过往被人贬低的经历也会对自我认知造成伤害——在有些人眼中，老年人似乎已经不再属于正常人类，即使当着我们的面，他们也会选择视而不见。

就本质而言，这种伤害与社会对有色人种及女性群体的歧视并无二致，也毫无逻辑可言。有些老年人年轻时就因各种原因遭受过他人的区别对待，所以，等到他们上了年纪，年龄歧视不过是带来一种似曾相识的苦涩。

很多时候，我们可能完全意识不到年龄歧视和年龄固化会伤害我们的自尊，甚至会让我们陷入悲观绝望、沉默寡言、情绪低落的境地。按照这个逻辑，若能加强对年龄歧视的认识，并对其加以反击，我们或许就能提升自身的幸福感，让自己变得更强大，从而找回丢失的自信和前行的动力。

大家若想知道自己是否遭受过年龄歧视，不妨跟我一起思考以下几个问题。你与某人擦肩而过，对方会不会明明看到了你，却不做任何反应？你是否感受过他人的冷漠，在他们面前，你仿佛成了"透明人"？你有没有觉得自己被他人当成了没用的东西，只会让人觉得碍事，让人唯恐避之不及？有没有人无视你的存在，让你觉得"这个世界已经与我无关"？有没有人将你的过往贬得一文不值，仿佛那些只是一个老家伙的痴心妄想？另外，你可曾因为"年纪太大"而被某些地方、某些场所拒之门外？

刻板印象

社会上充斥着多种多样歧视老年人、诋毁老年人的说法和想法，我们若能正视各种刻板印象，并弄清楚哪些是年龄歧视和年龄固化导致的世俗偏见，我们的日子或许就能过得更幸福。同理，若能了解那些有年龄歧视的群体常有的态度和语言，我们或许就能更好地加以反击，并慢慢消除他人及自身所持的年龄偏见。

***

社会对老年人已经形成了刻板印象，认为我们总是自以为是、唠唠叨叨、索然无趣、疑神疑鬼、无病呻吟，招人烦、讨人厌，什么都不懂却总爱说教。他们会说我们思想僵化，不懂变通——古板落后、固执己见、脾气古怪、油盐不进。他们还会说我们只惦记着自己那点儿事，动不动就想当初、忆当年，面对未来心中却只有恐惧，只会一味地担心自己晚景凄凉。所有这些刻板印象对我们老年人来说无疑都是雪上加霜，只会让我们与社会更加脱节，让我们变得更加碌碌无为、无所事事——总之就是会让我们"彻底出局"，与现代社会格格不入。对了，他们还会说我们笨手笨脚、磨磨蹭蹭、消极被动，说我们只会嫉妒年轻人。

从刻板印象的角度看，我们的人生的确已经过了黄金时期，我们的确不再值得被尊重，我们的想法也不再值得被倾听。我们如此无用、如此无能，怎么可能帮助他人解决任何问题？于是，社会不再把我们当回事，老了就意味着没用了，意味着应该被放逐到荒野。老年人已经享受过人生了，难道还有任何其他奢求？

有些毫无道理的陈词滥调大家肯定都听过，比如：老年人的愚蠢无人能救；老狗学不了新把戏；惦记性生活的老人都是老色鬼。这些刻板印象再次把我们推向了社会的边缘，再次把我们贬得一文不值。我们在他人眼中成了不受待见的异类，成了非男非女的第三类人，他们看不见我们，也不愿看见我们。

***

当然，并非所有人都对老年人抱有年龄固化和年龄歧视的态度，也不是每位老人都会遭遇此类偏见，有些人即使上了年纪——如那些个性强，有才华，掌握了权力、地位、财富的长者——也会免受这样的诋毁。话虽如此，年龄歧视和年龄固化依旧非常普遍，大部分老年人都难免遭遇这样或那样的不公。

你对年龄歧视是何态度？有何感想？你会因为自己步入老

年而感觉低人一等吗？你会因为对方是老年人而对其拒之千里吗？若能仔细审视自身对衰老的感受，我们或许就能认清自己内心那些先入为主、自以为是的错误想法。此外，我们还应该了解衰老的本质和现实，这样才能明白社会对老年人的偏见根本毫无道理。

年龄歧视对老年人的伤害不言而喻，那我们的社会为何还会接受这样的态度？在社会和媒体铺天盖地的宣传中，老年人理所当然地被刻画成老迈糊涂、无法自理的形象，就连我们自己也有意无意接受了这种设定和预期，并最终影响了我们的自我认知。我们亦步亦趋，慢慢变成了社会认为我们该有的样子。可是我们要知道，年龄歧视只是建立在片面事实的基础上——上了年纪后，我们的动作的确会变得迟缓，身体也不再像之前那么强壮，这也给年龄歧视提供了一些借口，但这种借口根本就站不住脚，社会上的普遍看法也都属于先入为主的错误认识，因此是偏见。我们老年人完全有能力学习新事物，我们不仅能够快速记忆，而且能够持续学习。

《纽约时报》的一篇文章对此做了鞭辟入里的剖析：

> 美国老龄研究院的院长扎文·哈恰图良说过，"大部分关于衰老及大脑变化的说法都属于民间传言，完全没有事实依据。如果深入研究，大家就会发现，在不受疾病影响的情况下，衰老本身并不会导致认知能力和智力

第五章 摆脱年龄歧视

表现的衰退和下降。"①

识破谎言

若能识破并摆脱年龄歧视及年龄固化,我们就会发现这些偏见不过是一些刻板印象,不过是那些害怕衰老之人在自说自话、掩饰焦虑。

我们的社会对老年人的贬低如此普遍,以至大家对此已经习以为常,但这并不能证明其存在的合理性。很多国家的老年人并不会被送去养老院度过最后的岁月,在那些国家,老年人不会被视作社会的异类,不会被当成累赘。在那些国家,老年人是社会最宝贵的财富,因为他们有学识、有智慧,因为他们毕生都在为国家的发展贡献力量。

虽然我们无法在一夜之间改变现有的社会风气,无法改变我们的文化对待老年人的态度,但我们应该为之做出不懈的努力。我们至少应该改变自身抱持的年龄歧视,只有摆脱束缚,才能安度晚年。

我虽然一直在努力消除这种歧视,但战斗永远不会结束。我需要时刻提醒自己在年龄歧视方面存在的盲区,告诫自己切勿将"年老"与脆弱、无能等负面特质联系在一起。

我们究竟该如何从自身做起,消除内心的年龄歧视呢?首

---

① Gina Kolata, "The Aging Brain: The Mind Is Resilient, It's the Body that Fails," *New York Times*, April 16, 1991, C1.

先，我们应该认真学习文献，很多研究都能证明，人在六十岁以后智力水平依旧可以提升，依旧可以通过学习开发心智潜能。另外，很多人的经历也能证明，即使上了年纪，他们也可以发挥创意、继续创作，继续为他人和社会发挥余热。我们一定要摆脱他人的刻板印象，仔细权衡自身能力，审视自己与他人的差距。我们可以专注于自己擅长的领域，继续为社会做贡献，彻底摒弃那些"人生无望"的错误想法。其次，我们可以继续追求自己渴望的生活。我们应该摒弃年龄歧视的错误观念，换一种心态和心境面对衰老，为幸福、充实的晚年生活打造更加广阔的空间。

最后，关于老年及老年生活，我们还可以试着了解并接受一些更积极的心态和想法。生命可贵，人们在任何年龄段都可以打造相互关爱、充满创意、实现价值、意识清醒、经验丰富、体现人性的美好人生。要想实现长久的幸福，我们必须做到珍惜生命、健康、自尊、价值和机遇。我们老年人跟所有人一样，有着共同的人性，绝不低人一等，我们也可以为人类做贡献。只要活着，我们就要活出自我，千万不要被他人的想法左右。

我们老年人毕竟活了那么久，很多知识、技能、智慧、想法都可以与他人分享。我们比年轻人更清楚人生的重要意义，更能坚守道德，更知道人类的境遇，更擅长应对失败，更懂得如何庆祝成功，更能做到共情，更能承担责任，更知道该如何与内心真实的自我进行沟通。

身为老年人，我们应该感到骄傲，应该为自己能活到现在的年纪而感到欣喜，这是多么了不起的成就啊！我们竟然能把自己的生命和品格延续这么长时间，我们才是真正的天选之子！那些还没有活到六十岁、还没有攒够人生经验和智慧且不懂得相互关爱的人，根本就进不了我们的圈子。

衰老是一个日复一日的漫长过程，这就意味着我们每天都有机会解决问题、实现自我、发挥余热。老年人无须证明、争取什么，无须打败谁，无须自吹自擂，无须出类拔萃，无须独占鳌头，无须腰缠万贯，无须功成名就。我们可以拥有截然不同的生活方式、人生态度、价值和信仰。我们与年轻人不同，就算同为老年人，彼此也存在差异，但我们始终都是人，都有人的共性。

我就是如此，随着年纪的增长，我开始把自己视为人类伟大生命链条的重要组成部分，每个人都是上面重要的一环。活到这个年纪，我越发渴望了解生命的奥秘，不知道最终是我找到它们，还是它们主动找上我。若能如愿，我将会知道怎样的生命奥秘？又将如何与他人分享？

我们有幸能活到晚年。（想想有多少人年纪轻轻就离开了人世。）晚年给了我们重新发挥想象力的机会：我们可以摒弃旧有的幻想，体会全新的人生寓意。所以，我希望大家能够增强意识，懂得晚年的伟大寓意。

关于晚年生活的一些建议：

- 步入晚年，凡事都要做最坏的打算。若能得到上天的眷顾，一定要懂得感恩。
- 步入晚年，要心怀最美好的期待，如若无法实现，那就仔细分析失败的原因。
- 晚年必定是人生最美好的阶段，否则不会被放在生命的最后。
- 任何人都有权利发挥自身的潜能，都有权利成就更好的自己。
- 晚年可能是人生最美好的阶段，也可能是人生最糟糕的阶段，结果究竟如何，完全取决于我们的态度和行动。

***

人一旦上了年纪，就容易把自己封闭起来，很难做到放开自我，很难继续拓宽视野、开阔思路，继续对人报以同情和怜悯，继续寻求新的体验，继续怀抱希望、探索未知。然而，步入晚年，每天都值得好好庆祝，我们应该庆祝大大小小的惊喜。当然，步入晚年，我们也有权在痛苦时恣意悲伤。

只要认识到自己对年龄所抱有的歧视，我们就能学会接纳、善待年老的自己，即真正做到爱自己。只有这样，我们才能感受到自己的价值，年纪不是什么弊端，而是我们的加分项——正是漫长的岁月成就了当下的我们。若能用积极的眼光看待自己，或许我们就能更好地反驳他人乃至自己对自己的偏见，包括年龄歧视和年龄固化。

就让年龄歧视见鬼去吧!让我们矫正视听,让社会知道老年人可以无所畏惧地变老,可以骄傲地迎接晚年生活。人如果老了还不想办法做自己,那还要等到什么时候呢?

第六章

解答晚年的困惑

步入晚年，人确实会遭遇一连串的问题。花甲、古稀、耄耋，年纪不断增加，可想而知，我们的身体会越来越差，各个器官的功能也会慢慢衰退，谁都无法避免，只有时间早晚和程度的差异。因此，我们必须根据身体状况和相应的情绪及心理反应调整自身状态。步入晚年，我们可能会遭遇各种新的情绪问题，但也可能与早年耿耿于怀的事情达成和解。随着年龄的增长，我们会遇到一些社会性问题，可能源于我们与他人的关系，也可能来自社会问题——如年龄歧视、经济困难、人身安全等。同样，我们也会遇到一些私人问题，比如无法满足内心的安全感、无法拥有令人满意的人际关系、无法表达或实现自我等。随着年龄的增长，我们还可能冒出各种恐惧心理，担心自己受伤、患病，担心亲人离去，担心死神降临。我们可能会感受到各种遗憾，幻想人生可以重来。针对所有问题，我们要做的就是找到最有效的办法，解决内心的需求、恐惧和遗憾，只有这样，我们才能幸福地度过晚年，才能成为更好的自己。

应对变化

对大部分人来说，人老了，身心必定会出现各种令人不快的变化，所以，我们要学会适应，做出调整。步入晚年，很多人都希望能保持原来的生活状态，毕竟变化会令人感到陌生，让人丧失安全感。但是，不管多么渴望维持原状，我们的生活、身体和所处的环境都会出现不可逆转的改变。所以,我们要审视自己,了解自身对变化的态度究竟是抵触还是接纳。

步入晚年,很多人都容易将自己封闭起来——固执己见、我行我素,不想做出丝毫改变。对任何改变——居住环境、人际关系、日常生活——我们都可能心生抵触,有些重大改变甚至会令我们痛苦不堪。就拿我父亲的一位朋友来说,当不得不从自己住了五六十年的房子搬进公寓楼时,他的内心产生了严重的不安。没错,我们往往不愿改变自己的做事方式,固执己见地只想维持原本的生活。若能学会观察自己面对改变时的反应,或许我们就能更好地了解变化对我们造成的影响,帮助自己为将来的变化做好准备。那么,面对生命中很多未经允许就冒出来的改变,特别是那些无法逃避的烦恼(如新邻居吵闹的小孩、自己每况愈下的身体),我们究竟该如何应对呢?另外,对于那些我们主动选择但结果却不尽如人意的改变,我们又该如何调整适应?

生活的改变可能令人欣喜,也可能令人厌恶;我们可能会默默忍受,也可能会高声抗议;可能会与之势不两立,也可能会选择委曲求全。具体是何反应,取决于改变的程度、改变对我们的要求以及我们自身调整的能力和意愿。当然,我们也不是对所有改变都唯恐避之不及,像彩票中奖、股市赚钱这类改变,我们自然乐见其成。所以,我们的态度主要取决于改变带给我们的是焦虑、痛苦,还是快乐、满足。

都说"江山易改,本性难移",人老了着实不太容易做出改变。我们如果在四五十岁时就是谨慎害羞的性格，到了七八十岁肯定也是如此。我们如果五十五岁时做事情从容不迫，到了七十五岁改变的可能性也不大。不过，只要有足够的动力和决心，再加上认识到旧习惯的问题及调整的具体方法，老年人也能改变自己为人处世的习惯和风格。我们是想延续多年的习惯、继续曾经的自己，还是希望做出改变，并相信自己有改变的能力？我们是否渴望在余生做出调整，成就更好的自己？

步入晚年，我们或许会为了应对自身无法控制的变化而不得不做出相应的调整，比如身体机能的衰退、经济状况的变化、人际关系的变动、自我认知的转变等。另外，我们也可能不得不积极应对变化，正视内心的恐惧，弥补往昔的遗憾。我们若想情绪饱满、坚持不懈地实现目标，就需要改变自身的想法和行为。

未了的心愿

我们内心的需要、愿望和渴求就是我们前进的动力。步入老年并不会把我们变成无欲无求的圣人，我们还是会对生活抱有各种需求，内心依旧充满各种渴求、愿望、冲动和期盼。虽然老年人的需求与成年阶段的需求没有太大出入——当然，人与人之间的需求不可能完全一致，但有些需求可能与年纪有关：可能因为自己的健康状况、社会关系、心理状态，也可能因为外界的年龄歧视,或者只是单纯因为自己的人生已经过了大半。

只要是人,就一定有需求,可能形式不同,也可能程度各异,但只要是需求,就会渴望得到满足。有的需求可能很强烈,若满足不了,就会引起生理痛苦;有的需求可能像持续挠痒痒一样,若无法实现,只会让人感觉缺少了点儿什么。需求若始终得不到满足,我们就会感到心理不适或焦躁不安,就会寻求各种应对的方法。我们可以竭尽全力满足自身需求,如果确实无法满足,也可以放弃或压抑心中的执念。或者,我们可以在不考虑其紧迫性和重要性的前提下理智地选择放弃。有时,我们必须忍受欲求得不到满足带来的痛苦和焦虑。我们也可以寻找替代品,至少可以暂时缓解内心的欲望。

接下来,我总结一下老年人常见的未了心愿,并介绍一些实现心愿的切实手段,希望各位能够借此机会认真审视自己的需求,认清哪些未了的心愿对自己依然重要。我也希望你能找到切实可行的方法和手段:可以努力实现心愿,也可以暂时放下,还可以与之达成和解、彻底放弃,不让它再影响你的晚年生活。我们一定要正视自己未了的心愿,积极应对,这样才不会因它而感到痛苦,才不会因它而耽误自己实现人生更重要的目标。我们的大部分需求若是都能得到满足——或是我们能与未了的心愿达成和解,我们就可以用更多精力、热情和灵感去追求真正的目标。

在此,我并不想对所有晚年需求进行讨论,毕竟它们太多了，我不可能说完。我将选择一些对我个人来说比较重要的需求，希望它们也能回应你心中的困惑。

自我保护的安全需求，它非常重要，具体包括满足身体需要、保障身心安全、实现自我照顾、获得他人关爱等。

我们的安全感究竟从何而来？有些老年人会因生活宽裕而获得安全感，但对有些人来说，没钱一直是他们人生中最大的困扰。当然，还有一些老年人的安全感来自健康的身体。不过，话说回来，即使是那些吃穿不愁、身体健康的老年人，也需要满足情绪安定的需求。我多年来一直从事心理咨询和社会学研究工作，因此发现了一些培养情绪安全感的好方法：我们可以观察内心和周围发生的变化；我们可以试着了解并接纳真实的自己，并与真正关心爱护我们的人维持亲密关系和朋友情谊；家人固然重要，但除了家人，我们也要与朋友、同事保持密切的往来；我们还可以主动寻找值得信赖的人，和他们在一起有助于提升我们的自信。

不要轻易放弃自己的信仰、观念和想法，与志同道合的人交往可以让我们找到归属感，继而更好地坚持自我。如果可能，我们还应该努力提升自己的地位、权力及个人魅力，这样才能赢得更多的尊重。

我们要想办法有效管理自己的人生，尽力给亲朋好友带去积极的影响。

若想实现内心的安全感，我们可以采取很多具体的做法，如让我们所承担的项目取得成功，或者在某些领域、工艺或行业中有一技之长。我没办法总结出所有能令人心安的手段,每个人都应该根据自身情况找出适合自己的方法。这样做还有一个好处,那就是能够满足我们自我探索的渴望。

对有些老年人来说,满足内心对情绪安定的需求根本不费吹灰之力,我的朋友阿曼达就是这一群体的典型代表。

她与丈夫生活在一起,几个女儿也住在附近,家人之间彼此关爱,关系非常和谐。生活中若出现任何困难或问题,全家人就会聚在一起共同应对,问题很快就能迎刃而解。此外,她的外孙子、外孙女也会经常回家看望她,可以说,正是温馨的家庭环境和家人的关爱给了她巨大的安全感。

我的另一个朋友安妮则不然,她不太擅长人际交往,但为了获得更多的安全感,她不得不努力操持。她一个人居住,只好经常与朋友通过电话保持联系。她也会邀请三五好友来家里做客,话里话外总是流露出对大家赏脸光临的感激,甚至有点儿低三下四的感觉。大家若是长时间没与她联系,她就会拨通他人的电话,告诉对方自己只是想找人"聊聊天"。只有这样,安妮才能让自己获得一定的安全感。

***

另外,我发现冥想可以有效提升我们对情绪安定的需求,很多老年人也表达了同样的观点,1990年2月12日的《波士顿环球报》就有一则相关报道:

> 哈佛大学的研究结果显示,养老院那些学过超觉静坐(TM)的老年人在后续三年离世的概率明显低于其他同龄人。与养老院那些不做冥想或采用其他放松方法的老年人相比,参加这一冥想练习的群体会感觉自己更年轻,大脑也更灵活,因此生活也会更幸福。[1]

获得认可的需求,主要包含两方面的内容:自我的悦纳以及他人的接受、欣赏和尊重。所谓得到认可,其实就是指如愿得到他人的关注、得到亲朋好友的肯定,就是感觉对方能将自己视作人类社会的一员。得到他人的尊重——他人对我们的意义和价值的充分认可——对我们来说至关重要,因为这有助于提升我们的自尊自信。一个人若无法获得他人的认可,往往就会感到痛苦和孤独。

情感往来及归属的需求,包括被他人需要、找到志同道合的团体、拥有相互信赖的对象。关于这一需求,我们将在第七章重点讨论,但现在至少可以明确一点,即我们都需要与家人、朋友及其他有情感牵绊的人保持密切往来。如果这一需求无法得到满足,我们就会陷入孤独和寂寞。如果这种需求得到满足,我们就会感觉有所归属,不仅能获得安全感,还能与他人建立情感联结。

经过努力仍无法得到满足的需求,你不妨试着接受现实,

---

[1] Angela Bass, "TM Found Beneficial to Elderly," *Boston Globe*, February 12, 1990, 33.

将其暂时抛在脑后，不要让它影响你的日常生活。总而言之，我们要接受现实情况，与未了的心愿和真实的自我达成和解。

挥之不去的恐惧

何为恐惧？从广义上讲，恐惧就是在预判到不好的、可怕的或令人生厌的事情可能会发生时的心理感受。我们或许因为之前有过不好的经历，所以觉得坏事可能还会发生。恐惧常常是内心需求的真实映射，例如，对自我保护的渴望映射出来的就是对身体伤害的恐惧。

恐惧可大可小，大到惶恐或惊惧，小到隐隐担忧；恐惧的时间可长可短，可以持续很久，也可以稍纵即逝。对于恐惧，我们可能心知肚明，也可能毫无意识。有些恐惧可能显而易见，有些则令人难以察觉；有些恐惧可能会存在很久，有些则很容易消散；有些恐惧会令人失落沮丧，甚至惶恐不安，有些则可以被轻而易举地化解；有些恐惧基于现实，有些则属于杞人忧天；有些可能是生存主义造成的普遍不安，让人感觉生活在地球上非常危险，有些则属于日常的普通担心，如车多过马路时的紧张或忘记他人姓名时的局促。也就是说，恐惧在程度、时长和原因上都存在差异，而我们给出的反应与应对的方式也不尽相同。有人可能会选择逃跑和规避，有人则会选择坚决应对和解决。对于恐惧，越是拖着不去解决，我们的内心就越可能感到害怕。

所以，我们的首要任务是区分切实的担心与臆想的恐惧。此外，我们还要知道如何压抑、搁置、超越内心的恐惧，因为只有这样，我们才能获得内心的安宁。

人一旦上了年纪，就容易变得脆弱：身体每况愈下，机能日渐衰退，做事的精力也会大不如从前，容易疲劳患病，容易发生事故，病后久久难以康复，等等。因为这些原因，老年人会担心自己身体受伤。步入晚年，我们不仅要继续面对很多年轻时就害怕的事情，还得面对新的恐惧。总而言之，人的年纪越大，担心的事情就越多，担心的程度也会越强烈。

***

我的老朋友珍妮说过："我特别害怕夜里出门，如果非要出去，我一定会找人同行。即便有伴儿，也不敢步行前往，总觉得骑车会更安全。"

有些恐惧只属于老年人，而且会不期而至。就拿我来说，我一直觉得自己腿脚还算灵活，七十一岁那年，有一次我走在街上，突然一个小垃圾桶朝我滚了过来，我本能地想要躲开，于是往旁边跳了一下，我还以为自己能轻松避险、成功落地，结果虽然躲过了垃圾桶，但整个人摔倒在路边。好在没受什么伤，但这着实把我吓了一跳。从那以后我便知道自己再也不能尝试此类动作了，如若再遇障碍，我必须谨慎应对。就这样，我开始担心自己脆弱的身体，不敢再尝试任何"高难度动作"，害怕被面前突然出现的异物绊倒。

第六章 解答晚年的困惑　　117

除了对身体的担心，老年人还会有其他各种恐惧，如害怕失败、风险、未知、陌生等，所有这些恐惧都会破坏我们幸福的生活，不仅会占用我们的时间和精力，还会令我们踟蹰不前，阻止我们追求心中的目标。

恐惧死亡

我发现自己会经常感受到死亡的恐惧——最终一切都将归于虚无，这件事想想就让人沮丧。但后来我知道，我必须学会接受，死亡其实是生命的一部分，死亡是给生命画上一个句号。问题是，我们该如何在感性和理性之间取得平衡。我知道自己终有一死，希望能够更平静地接受现实。但我的内心又十分反感，不想承认死亡的结局，也抵触内心的恐惧。我想知道如何与死亡达成和解，从而放下内心的恐惧，获得内心的平静，最终做到不留遗憾地离开人世。我希望自己可以认识到没有人能免于死亡，但又不想因为死亡的结局而惶惶不可终日。我希望自己能有视死如归的勇气，好好享受有生之年。我希望待到精神萎靡的垂暮之年，我能平静地迎接死亡的到来，因为我的人生已经足够精彩，离开时我不会有一丝一毫的遗憾。

事实上，大部分人想到自己终有一死的结局都会心生恐惧。我们不愿正视这一事实，但具体又是在恐惧什么呢？我们害怕临死前的痛苦和折磨，担心自己无法寿终正寝，尤其担心自己失去知觉，成为植物人。我们担心奄奄一息之际还要忍受剧痛，害怕家人因我们的离开而悲伤难过，恐惧一切的结束、自我的丧失、关系的终止——所有我们珍爱的东西都将离我们而去。想到无法继续体验、感受这个世界，我们会痛苦不堪。我们不愿切断所有情愫、所有联结。我们担心所有欲望、乐趣、活动、参与都不再与我们有关。我们无法忍受自己被这个世界彻底抹除，仿佛从未来过一般，一切都将变成虚无。想到自己要孤独地奔赴未知的旅程，不知前路的方向，我们会忍不住颤抖。我们有地方去吗？如果有，那将是怎样一个地方？

我们无法接受自己终将离去的结局。步入晚年，我们会更加深刻地认识到死亡的临近。死亡不再是一个抽象的概念，它已经成了我们需要切实面对的问题。每过一天，死亡就离我们更近一步，剩下的日子越少，我们内心的恐惧就会越强烈。马克斯·勒纳在他的《与命运天使的角逐》（*Wrestling with the Angel*）一书中写过一段关于死亡及晚年生活的感想：

> 衰老是人生的一个阶段，死亡是人生的终结。人们害怕死亡，其实是对未知结局的恐惧，人们害怕衰老，则是对普遍常识的恐惧，不管是哪种恐惧，都会促使我们采取行动。衰老连同各种相关病痛会不断提醒我们死亡的临近。对死亡的恐惧会激励我们打起精神做事，让自己忙碌起来，以免终日胡思乱想。对衰老的恐惧（限制了我们的活动范围，缩短了我们大展鸿图的时间）会促使我们慢下脚步，重塑自我，更好地度过余生。这意味着发挥想象力，找回真实的自我，认真思考接下来的

日子该如何度过，分辨出哪些追求毫无意义，哪些才是人生的真谛。[1]

***

正视死亡可以帮助我们为最终的离开做好准备，可以提醒我们更好地享受人生。我们该如何为死亡做好准备？我们的心态和情绪会影响我们的生活吗？我们可以控制自己关于死亡的感受和想法吗？怎样才是面对死亡平和的、恰当的、有尊严的方式？要知道，对死亡的恐惧会严重影响我们的晚年生活。有些人会整日忧心忡忡；有些人则会选择性地忘记它，继续好好生活。如果我们鼓足勇气直面死亡，死亡恐惧就会慢慢丧失其威力。有些人会拼死守护生命；有些人则会平静地面对死亡，因为他们知道，死亡是生命无法逃避的结局。面对死亡，他们不会大惊失色，他们明白人终有一死，所以可以放下对死亡的恐惧，每天都能一如往常地好好生活。

对此，我的朋友乔希发表了如下感慨：

我对自己的人生感到十分满意，离开之时我不会感到不快、不会感到遗憾，也不会感到愤怒。我不会挥舞着拳头抱怨："你为什么要把我带走？"如今，我已八十七岁高龄，一辈子过得十分充实且顺遂，只是最近

---

[1] Max Lerner, *Wrestling with the Angel: A Memoir of My Triumph over Illness*. New York: Simon & Schuster, 1990.

不幸遭遇了一次车祸。我的美好人生离不开家人、朋友的陪伴，他们是我快乐的源泉。谁能想到，活到这个年纪，我竟然还能机缘巧合地与心仪的女士谈上一年的恋爱？还有比这更美好的离开世界的方式吗？即使未来已经没有太多可能性，八十七岁的我也盼着自己能活到1999年。1999年的最后一天，我已经和兄弟约好，要去欧泊湖餐厅吃一顿大餐。我甚至想好了自己的死法，我要穿上靴子——讲完最后一堂课，然后死在讲台上。我要毫无痛苦地离开！一定不要拖泥带水！

***

我们该用怎样的心态面对终有一死的结局呢？

我们可以想想他人的离世，再想想自己的结局，从而更好地珍惜活着的日子。我们可以与家人、朋友倾诉自己对死亡的恐惧。有些人觉得，死亡就是把自己"交给上帝"，根本无须焦虑。有些人已经能够接受现实，可以做到客观和超脱。有些人认为死亡并非终点，而是通往另一个世界的通道。有些人选择用心理治疗或集体支持帮助自己正视对死亡的恐惧。所有这些方法都能让我们获得内心的安宁，希望大家在临死前可以很坦然地说上一句："我这辈子活得很幸福、很充实、很满足，现在，我已经做好了离开的准备。"

如果我们不接受对死亡的恐惧，生活质量必将受到影响，我们必定无法活得尽兴——例如，害怕冒险，害怕投入感情，压抑自己的欲望，限制自己对世界的探索。对很多人而言，害怕死亡其实是内心最大的恐惧，如果能对这种恐惧多了解一些，或许我们就能减轻甚至消除生活中很多其他的担心。如果连死亡都不怕，还有什么是我们应付不了的呢？！

害怕生病、受伤、残疾、疼痛、痛苦

大家之所以恐惧死亡，某种程度上是因为害怕生病、受伤、残疾、疼痛和痛苦。打个比方，跌倒、车祸、朋友受伤，这些都可能提醒我们之前的担心不无道理，人类真的十分脆弱，动不动就会受到伤害。正是因为害怕遭受暴力，很多女性夜里根本不敢出门，年纪越大越是如此。很多老年人就连夜间搭乘地铁、出门遛弯都会心惊胆战，他们会一直保持警惕，生怕自己遭遇危险。

对生病的恐惧更是会令人胡思乱想。我们担心自己失智失能，担心生活无法自理，只能任由他人摆布（不管是在医院还是别的地方）；我们惧怕难以忍受的痛苦；我们害怕他人怜悯的眼光；我们担心自己意志消沉、一蹶不振，担心无法再做回一个正常人；我们惧怕过度依赖他人，惧怕凡事无法自己做主，惧怕丧失尊严地活着；我们害怕病痛之后就会迎来死亡。然而，这些恐惧很可能被我们毫无根据地夸大了，大部分恐惧都是杞人忧天，根本没有事实依据。

身患重疾还会令我们情绪低落、意志消沉，影响我们的个人形象，打击我们的自尊自信，甚至让我们失去正常的生活。如此想来，老年人害怕生病真的不无道理。老年人的确更容易生病，我们抵抗力较弱，患病后恢复起来也比年轻人要慢很多。

身患重疾还可能让人钻牛角尖——没事就瞎琢磨，见到谁都想跟人谈论，病痛彻底成了我们生活的重心。要知道，时间一长，大家肯定会躲着我们，这无疑会加重我们的忧虑和寂寞。

我所在的老年团体就有这样一个例子，那个人开口闭口都是他的病：他十分担心、十分恐惧，他不知该如何应对，他焦虑得夜里无法入睡，等等。每次大家见面他总是没完没了地唠叨，就算有人想打断他或想转移话题也根本插不上话。就这样，团体里每个人都会躲着他。

当然，也有些老年人可以泰然自若地面对自己的疾病：能够做到配合治疗、调整心态、接受现实，不让它影响自己的正常生活。老实说，疾病也有积极的一面，可以让我们重新审视人生，了解生命中真正重要和宝贵的东西。

马克斯·勒纳在书中也分享了疾病带给他的人生感悟：

> 战胜病魔本身就是一次脱胎换骨的人生经历。正如约翰逊博士所说，接近死亡可以让人做到"心无旁骛"。生命将尽，疾病来袭，人生多了几分悲怆和刺激。悲怆在于即使战胜病魔，你也时日无多；刺激在于你会重新思考人生，重新塑造自己，积极解锁人生的难题——我

该如何把握剩下的岁月?[1]

我七十四岁那年,身体状况突然变得很差,总是感觉疲惫,医生说我患上了"莫名不适症"。既然是"莫名",医生自然找不到病根,但这个莫名的疾病却耗尽了我全部精力。我甚至起不来床,整日昏昏沉沉,什么事都做不了,分不清现实和虚幻。我实在太累了,再加上头晕目眩,着实没有分辨的能力和精力。我感觉外界的一切都离我很远,哪怕只是简单活动一下,我也会感到疲惫不堪,所以大部分时间我只能躺在床上。偶尔下床走走,我也只能迈着小碎步慢慢移动,走不了多远就得休息一下,完全丧失了掌控活动范围和程度的能力。

日子一天天地过去,我的病症竟然有所缓解,不仅恢复了一定的体力,还能进行一些日常活动。几天后,我的大脑也清醒了很多,一个星期后,我的身体基本恢复正常了。不过,我始终担心这种怪病会复发,几个月后,我的担心果然应验了,好在症状没有第一次那么严重。但可以想象,我内心的恐惧丝毫没有得到缓解。到后来,我终于找到了发病的规律:我的莫名不适症每隔六个星期就会发作一次(症状每次都比前一次有所减轻),于是,我对它的恐惧也减轻了不少,因为熟悉了它的套路,我可以想办法加以应对,它对我日常生活的影响自然也就减少了。最终,这一毛病彻底消失了。又过了几个月,我

---

[1] Max Lerner, *Wrestling with the Angel: A Memoir of My Triumph over Illness* (New York: Simon & Schuster, 1990), 157–158.

不仅忘记了它带给我的痛苦,还放下了对它复发的恐惧。

***

我身边几乎所有人,无论是有意识还是无意识,都会害怕疼痛和痛苦,每个人都希望自己能够成为幸运儿,不必经受此类考验,哪怕不幸遭遇苦楚,也能尽快解脱。可是,要知道,疼痛是人生必经的体验,从某种意义上说,身体上的疼痛具有一定的积极作用:疼痛是身体给我们发出的信号,告诉我们某个部位出现了问题,提醒我们要予以重视。身体的疼痛可以通过药物、睡眠、镇静等方法得到控制甚至消除,话虽如此,如果我们不能从源头上解决问题,待到一觉醒来或药效消失,疼痛可能卷土重来。

人们经常把疼痛和痛苦混为一谈,但二者并不是一码事。失去爱人、心理创伤、与爱人分开会令我们感到痛苦;摔断了腿、牙医不小心触碰到我们的牙神经、身患重疾等都会让我们感受到疼痛。二者之所以经常被联系到一起,是因为无论是疼痛还是痛苦,都会让人强烈地感到不适,让人难以忍受,甚至让人痛不欲生。

很多人都说,他们对死亡的害怕远不及对死亡来临前的疼痛和痛苦的恐惧。事实上,让人心神不宁以至被迫寻求药物帮助的并非死亡,而是疼痛和痛苦。让人深陷恐惧的不仅是疼痛和痛苦本身,还有预感到它们可能会发生的惊慌和担忧。

惧怕生离死别及其他悲惨遭遇

痛失爱子、配偶、父母或其他亲人、朋友必定会让人情绪崩溃。有时，目睹他人的悲惨遭遇也会让我们感到悲伤，担心不幸某天"会降临到自己身上"。

有一天，我的同事哈里开车送我回家，路上他问我，这世上是否还有比儿时失去父母更悲惨的遭遇。我回答说，应该没有了吧，因为我在八岁时经历了母亲的离世。听了我的回答，哈里回应道："其实是有的，那就是丧子之痛。"几年前，他十几岁的儿子遭遇车祸身亡，多年来他始终未能从伤痛中走出来，最近才勉强接受了现实。他不断安抚自己，或许上天是在用这种方式提醒他生命的脆弱，叮嘱他千万不要浪费光阴，要尽可能充实地生活，要极尽所能帮助他人。

我亲爱的读者朋友，你如果也有过类似的经历，就一定知道其中的痛苦和折磨。我们会陷入无尽的恐惧，害怕失去更多亲人，害怕整个世界崩塌，担心自己无法继续活下去，担心自己再也笑不出来，担心生命从此失去意义。之前发生的悲剧对我们造成了严重的创伤，导致我们很难在短时间内整理好思绪、正确看待生死。

人越是上年纪，经历的生离死别就越多：某位亲戚或朋友离开了人世；某位老伙计住进了养老院。每次似乎只是一转身，身边就会有人离去。于是，我们开始担心这样的生离死别会没完没了，直到有一天我们自己的离开成为他人痛苦的根源。

担心"丧失自我"

年纪越大,我们越会觉得失去了曾经的自我,于是开始担心:担心自己再老下去便无法找回曾经的自己;担心曾经的"自我"会慢慢变成自己不认识的模样;担心再变下去,我们会成为别人眼中的陌生人。

功能衰退、记忆变差、反应迟钝这些老年问题或许已经让我们体验过丧失自我的痛楚,让我们意识到自己已经无法掌控生活,甚至无法控制自己阴晴不定的脾气。如果我们认定晚年的身体变化注定会导致自我的丧失,那么衰老无疑会成为一种可怕的经历。我要更正大家的一个错误认识,身体机能的衰退不一定会伴随自我认知的丧失,二者之间没有必然的联系。也就是说,即使身体非常虚弱,脑子也可以很灵光。我们一定要时刻提醒自己,身体只是自我的一部分,精神世界同样重要。

年龄歧视——不管是来自他人还是自己——会让人感到自我认知的丧失,让人怀疑自己的存在是否还有意义。一旦被那些带有年龄偏见的人视若无物,我们自然就会担心丧失自我。

若是觉得自己是因为年纪变大才被人轻视,才变得力不从心、不招人待见的,我们恐怕就会拼死抓住曾经的形象无法释怀。若是感受不到曾经的自己,我们恐怕就真的丧失了自我。但是,若能在曾经的自我与当下的自我之间建立一种持续的联系,若能把二者有机地融为一体,或许我们就能从容地应对自我的改变,缓解丧失自我的恐惧。

害怕依赖他人，恐惧身体衰弱

我们若是处理不好自己的事情，自然就会害怕人生失控。过去，我们是乘风破浪的"舵手"，现在却失去了掌控权。衰老的确是个痛苦的过程，我们会害怕自己情绪失控：不经意就会落泪，无缘由就会发火，动不动就会心烦意乱。我们还会担心自己只能听命于他人，担心被送到不想去的地方（如照看无法自理的老人的养老院）。我们担心如果不能亲力亲为地管理账目，就会面临财务危机。我们担心管控不了自己的思想意识，沦落为毫无逻辑、智力迟缓的老家伙。我们担心自己的身体每况愈下，直至危及生命。

掌控人生的权力是否真的已经落于他人之手？对失控的恐惧可能会让我们为了夺回掌控权而不顾一切，可能会迫使我们在绝望中选择屈从，但也可能会激励我们想办法重新主导自己的生活。

有时候，早年的经历会让依赖他人、失去掌控这件事听起来格外恐怖。下面我们一起看看《华盛顿邮报》上的一篇文章，故事的主人公是著名心理学家布鲁诺·贝特尔海姆。他是当年纳粹集中营的幸存者，这篇文章讲述了他对失去控制、身体衰弱、依赖他人的极度恐惧，也讲到了他为何要提前结束宝贵的生命。

> 3月12日夜，贝特尔海姆在银泉市的查特之家养老院自杀身亡……作为贝特尔海姆的好友，远在洛杉矶的

> 分析师鲁道夫·埃克斯坦刚听到这一噩耗，就对好友死前的想法做了如下推测："我现在只能住在养老院，与当初困在集中营有何区别？失去了自由，活下去还有什么意义？我为什么还要苟延残喘？至少现在我还可以自主决定生死……"
>
> 历史学家琼·查利诺曾与贝特尔海姆在一次晚宴上交谈了45分钟。据她所说："贝特尔海姆当时已经非常抑郁，他说他还不如回以色列去，毕竟那里的集体农场知道如何让老年人发挥余热。"[1]

可以想见，我们中的大多数人上了年纪后智力水平肯定会有所衰退。我们可能会分不清方向，明明是很简单的事情，年轻时根本不在话下，现在却怎么也做不好。很多老年人都有过迷路的经历，担心自己会再次犯糊涂。有时候，我们会突然忘记自己身处何地，认知也会发生错乱，注意力无法集中，意识会出现模糊，虽然持续的时间可能并不长，但足以引起我们的担忧。有时候，我们会忘记简单的信息和自己要做的事情。有时候，我们会忘记重要的事情和曾经熟悉的回忆——比如看到旧相识，却完全认不出对方。有时候，曾经的记忆和头脑中的画面会变得模糊不清，渐渐失去清晰的轮廓。所有这些迹象都会令我们心生恐惧，让我们担心自己会丧失心智。然而，

---

[1] David Streitfeld, "For Bruno Bettelheim, a Place to Die," *Washington Post*, April 24, 1990, C1.

肯·戴奇沃迪在他的《岁月的浪潮》(Age Wave) 一书中却提出了相反的观点："无数的科学研究表明，持续用脑的老年人不仅不会失去灵活的头脑，还能活得更长久。"[1]

我偶尔也会迷路，但我并不认为是自己的脑子出了毛病，迷路不过是衰老的正常表现。要知道，我们越是害怕迷路，越是因此感到焦虑，就越会迷路。相反，若能对偶尔的迷路报以宽容的心态，当再次犯糊涂时我们就不会感到太过失落。若能对自己迷路的经历加以分析，或许我们就能减轻内心对它的恐惧。我们可以问自己以下几个问题：我们犯糊涂的时间一般会持续多久？犯糊涂的频率有多高？偶尔迷路会对我们的日常生活造成什么影响？我们可以采取什么样的方法避免类似情况的发生？我们可以做出怎样的补救和调整？

此外，活动受限也会让我们担心人生失控。人年纪越大，活动就越受限：由于身体状况无法长途旅行；不幸患上了关节炎，连简单的活动都感觉吃力；视力残疾或眼部疲劳可能造成各种程度的阅读障碍；精力不足可能会导致我们无法游刃有余地社交。上述类似的经历，以及对愈演愈烈的趋势的恐惧，可能会让我们感到伤心难过、抑郁气愤。那么，我们能克服或缓解身体上的限制吗？或者有没有相应的补救办法？如果无法克服或缓解，我们能否拿出优雅而高贵的姿态与其达成和解？

---

[1] Ken Dychtwald, *Age Wave: How the Most Important Trend of Our Time Will Change Your Future* (New York: Bantam, 1990).

害怕未知与陌生

对未知的害怕可能会造成很多后果，但我在此只想讨论其中的一个，那就是对冒险的恐惧。所谓冒险，就意味着要进入未知的世界，这极有可能引起人们的恐惧或焦虑，也就是说，要想冒险，人们就必须先解决自身的情绪问题：我们可能会害怕从事新的工作、结识新的朋友，害怕去陌生的地方、打破旧有的习惯、改变生活的环境，或者质疑熟悉的观点。事实上，所有对冒险的恐惧都可以归结为对失败的恐惧。我们会担心发生意外，担心自己无法适应，担心失去安全感，担心再次犯糊涂迷了路。我们会害怕冒险的难度太大，害怕冒险得不偿失，害怕遭遇危险导致身体受伤，毕竟"小心驶得万年船"。我们会担心冒险时事态失控，担心给自己造成更大的伤害。

有时，随着年龄的增长，很多早年不足挂齿的小刺激也成了老年人眼中的高风险。当然，如果身体和心智都出现了衰退的迹象，有这样的担心也很现实、很正常。

人到晚年，真正的风险自然会令人心生恐惧，但有些无谓的担心只会妨碍我们获得新的体验，妨碍我们享受生活。惧怕冒险合情合理，小心谨慎可以帮助我们避免很多不必要的麻烦。但是，如果谨慎过了头，无端地夸大尝试新事物的风险，我们就会错失很多美好的体验。所以，我们应该用正确的态度对待风险，鼓足勇气在合理范围内挑战自我，只有这样，我们才能拥有丰富而充实的晚年生活。

担心被拒绝和抛弃

很多老年人都害怕自己被人"丢下"——被曾经在乎的人拒绝和抛弃，包括配偶、子女和朋友。断交的原因有很多，可能是双方出现了分歧，导致关系破裂，也可能仅仅因为我们上了年纪，心态、观念和想法都发生了改变。当然，早年的争执也可能重新出现。人一旦上了年纪，似乎就不如年轻时可爱了，身价自然也会大不如前。在别人眼中，我们可能变成了脾气暴躁、为人刻薄、牢骚满腹的老家伙。

对他人的依赖同样会造成恐惧心理，我们会担心被人抛弃。我们害怕子女不愿前来探望，害怕新的乐趣占据他们本来可以用于陪伴我们的时间。我们担心家人认为我们太过苛刻，并因此变成他们的负担。他们或许还会觉得我们对他们不够体贴，毕竟我们的衰老将占据他们更多的时间和精力。

很多事情都会让我们感觉自己遭到了嫌弃，包括探望的次数越来越少，电话书信的往来不如以前频繁，当然还有很多其他不愿保持紧密联系的征兆。最极端的拒绝方式就是亲人与我们断绝往来，这会让我们一蹶不振，如果对方是我们的子女，后果就更严重了。如果我们无论如何恳求、如何沟通，都无法挽回局面，对方都没有任何反应，我们或许就要学着面对现实，认识到自己遭到了嫌弃，对方已经与我们彻底断了交往。当然，认清现实可能会引发一系列情绪波动，包括愧疚、苦涩、失望、气愤。我们甚至会觉得自己遭到了背叛，忍不住心里一直念叨：我为你做了那么多牺牲，你竟然如此绝情！我们还可能会陷入短暂的悲痛，内心反复琢磨：接下来的日子我该怎么活下去？

遭到抛弃还会引发其他一系列心理感受：我们可能会担心有朝一日没有人照顾自己，可能会产生自我怀疑，觉得自己不够好才被拒绝和抛弃，由此带来的伤痛甚至可能导致我们不想建立新的亲密关系。不过，我要提醒各位老年朋友，我们也可以选择放下心结，接受彼此不再见面的现实，不必对此耿耿于怀。即使内心偶尔还会隐隐作痛，我们也要与被抛弃的结果达成和解。

莉娜一直在做心理咨询工作，八十多岁了还在工作。当然，随着年龄的增长，她也遇到了很多困难，有时会忘事，也会犯糊涂。好在她已经从业四十余年，积攒了足够的积蓄，可以请人帮忙打理家事、处理工作。她花钱雇了一位秘书、一个勤杂工，还有一个小时工，另外，她家里还住进来一个大学生。有了这些人的帮忙，她虽然已经八十多岁了，依然可以居家生活，不必搬去养老院。当然，这样做的成本很高。她之前早就意识到她无法轻松处理账务问题，所以她授权儿子菲利普帮她打理。菲利普对母亲高昂的开支感到十分担忧，一直劝她搬去养老院生活。最终，儿子答应她，她可以在养老院继续为他人提供咨询服务，莉娜就勉为其难地搬离了自己的家。然而，儿子的承诺并未兑现，莉娜刚到养老院就发现自己的行动受到限制，住在这里的老人都是这种待遇。菲利普当初承诺过莉娜，说只要她不喜欢养老院的生活，随时都可以搬回家住。

尽管莉娜刚搬进去就表达了内心的不满，尽管她又恳求又抱怨，但菲利普始终不为所动。没办法，莉娜只好继续留在养老院度日。谁能想到，搬进去才几个月，莉娜就离开了人世。

惧怕拮据的生活

有些老年人还会担心自己遭遇经济变故。事实上，很多老年人的经济状况确实不容乐观，也就是说，有些人的担心的确出于对现实的考量，而有些人的担心却言过其实。话虽如此，我的确发现，不管收入如何，很多老年人都会担心自己的钱不够用，不够完成自己的心愿，甚至不够日常开销。

对贫穷的恐惧无疑会令人心神不宁、胡思乱想，那些出身寒门的孩子尤其会如此，曾经饥肠辘辘、家徒四壁、衣不蔽体的痛苦回忆很容易被再次唤醒。即使现在的经济状况已经大为好转，经济衰退或个人收入的下滑也会加剧他们对缺衣少食的担忧。就算这种担忧和恐惧完全是庸人自扰，也会引发严重的焦虑和不安。对很多老年人来说，有关大萧条的记忆以及过往亲历或目睹的各种不幸都会加剧他们内心的恐惧。

积极应对恐惧

既然如此，我们该如何解决内心的恐惧呢？我们可以选择视而不见，当它们根本就不存在。我们可以将它们视为无法完成的任务，竭力逃避。我们还可以坐视不理，等着内心的恐惧自行消退。不过，很不幸，恐惧很难自行消退，它们会如影随形，不断为我们的幸福生活设置障碍。只有选择正视恐惧、忍受恐惧，或是拿出反抗的态度，我们的日子才能过得更踏实。我们甚至可以想办法把恐惧变成做事的动力。

我们可以对恐惧加以分析，寻找相关信息，了解人生需要面对的各种风险。我们可以依靠自己的人生智慧，保持坚强的心态，毕竟我们已经迈过了漫长人生的沟沟坎坎，还有什么可惧怕的呢？我们还可以找人诉说内心的恐惧，对方或许能够帮我们看清现实。

最后，我们要真正接受内心的恐惧，与它们成为朋友。即使憎恶恐惧，我们也要试着把负面情绪放在一边，尽量不要嫌弃、否定或抵触它的存在。我们若能把恐惧视为自身无法分割的一部分，并对恐惧状态下的自己保持耐心，恐惧的感受或许就能减轻，甚至可能彻底消失。即使没能消失，我们也可以想办法与其和平共处，带着内心的恐惧坚定地追求人生的目标，努力活出生命的精彩。

遗憾和后悔

人生路漫漫，如果一个人一辈子对任何事、任何人、任何选择都没有一丝遗憾，那着实太了不起了。内心的遗憾可能会一直提醒我们当下的麻烦，这些麻烦也可能只是偶尔冒出来，让我们想起曾经的不快。若想了解内心的遗憾，我们不妨回首过往，问自己以下几个问题：这些遗憾如今对我依旧重要吗？

对我的影响很大吗？我要做些什么才能减轻心里的痛苦？

遗憾往往会伴随着痛苦、怨怼、压抑等感受，可能会妨碍我们成为更好的自己。对某件事、某个人抱有持续的悔恨，可能会让我们心烦意乱、无心正事。悔恨还会让我们丧失斗志，对任何不确定的目标都失去行动力。如果一直对过去的遗憾耿耿于怀，我们就可能变得优柔寡断、心灰意懒。

大家会经常冒出以下想法吗？如果一切能重来，我一定能避免之前犯过的所有错误，我可以用积累的知识和经验做出全新的选择，我能拥有更美好的人生。如果事情不像当初那样，我的人生也许会大不相同吧！大家是否会反思："我搞砸了自己的人生吗？"若能把遗憾放在一边，或是与其达成和解，我们就能更好地享受余生，就能把老年生活过得丰富多彩。

以下是许多老年人常见的遗憾，大家看看哪些能让你产生共鸣。

失去

我们会因爱人的意外离世而遗憾，想到未来的岁月再也没有对方的陪伴，我们甚至会萎靡不振。我们会因失去健康和精力而遗憾，也会因年纪太大丧失了自我而遗憾。

我曾经带病出门旅行，结果导致病情加重，这件事令我十分后悔，我真不该在支气管炎发作时跑出去，结果患上了哮喘。

我们会因某段关系的破裂而遗憾——可能是我们抛弃了对

方,也可能是我们遭到对方的抛弃,又或者我们之间出现了问题,彼此没有想出解决的办法。

我们会因丧失自我而感到遗憾,工作没了,爱好丢了,都会让人伤心难过。

未解开的心结

很多人都会成为关系破裂的罪魁祸首,或者至少负有一部分责任:承诺的事情没有兑现,(多年来一直)心怀积怨,却不去沟通,导致两人的问题和分歧始终无法得到解决。

我的朋友安德鲁就非常遗憾亲手断送了一段友情:"我与一对夫妻是多年的好友,当我的兄弟打电话通知我父母车祸去世的噩耗时,他们刚好就在我身边,结果他们不仅没有安慰我,反而匆匆离我而去。不仅如此,在我后来因父母离世而痛苦的那段时间,他们也完全没有联系我。我真的既难过又气愤。他们之后试过跟我重归于好,但我执拗地选择了拒绝。"

自身的不足

我们会因自身的不足——性格中不够成熟、不够勇敢的部分——而感到遗憾。我们会抱怨自己在处理人际关系时有难以克服的笨拙,我们会后悔曾经采取了违背原则和破坏诚信的做法。回想那些我们出于怨恨和小气做出的选择(比如,因为一些说不清真假的小恩怨而拒绝借钱给遭难的朋友),我们追悔莫及。对自己本该说出来却沉默不语和本该闭嘴却口不择言的做法，我们会感到无比难堪。

互相伤害

我们总是会想：要是能把孩子培养得更优秀就好了，要是能把更多心思放在家人身上就好了，要是能更用心地对待与配偶的关系就好了！

我们会后悔曾对他人造成的心理伤害以及对他人的嫉贤妒能。

我们会因为遭到欺骗或背叛而久久无法自愈，身体和心理都会受到伤害。我们会因事故造成的伤害感到遗憾，会因这些伤害妨碍了事业和生活的发展而喟然长叹。

失败与错误

我们会因做事徒劳无功而感到遗憾。

我的同事查尔斯曾经对我说："我真后悔花了那么多时间和精力在这本书上，过去整整二十年，我一直在写，一直在反复修改，却始终未能达到理想的效果，不仅白白浪费了多年的心血，还耽误我做出更好的选择——我总是想着先完成它再去做其他工作，结果却怎么写都写不完，最终只能选择放弃。"

我的朋友保罗今年六十岁，退休前一直担任一家公司的高管。他跟我分享了老年人的一个共同的遗憾。早年工作时，他经常出差，就算不出差每天也是很晚才回家。"我真后悔当初没有多花点儿时间陪陪孩子，转眼间他们都已长大成人，我对他们知之甚少,错过了他们最好的年纪,那段岁月再也找不回来了。我也能感觉到他们对我的不满,他们跟我一点儿都不亲近。"

我们还可能因做事半途而废、未能实施计划、没有兑现承诺而感到遗憾。

此外,学业、事业、社交方面的失败都可能成为我们的遗憾。比如,我们"没有成功地做大做强",没有获得预期的社会地位,没有满足内心的物质需求,所有这些都可能令我们耿耿于怀。我们可能会后悔当初不够努力,没能充分挖掘自身的潜力。或者我们会后悔曾经做过的疯事、傻事,无意间给自己或他人造成了伤害。

错失良机

许多人都有过不得志的经验,满腔热血却徒劳无功,一厢情愿却无人回应。我的朋友萨拉曾经跟我说:"我很后悔当初没有嫁给跟我求婚的那个人,结果现在落得孤独终老的结局。一把年纪,却孑然一身。"

有些人会因错失冒险或体验的机会而感到遗憾,也可能因未能选择喜欢的专业或从事热爱的职业而难过。我的老朋友艾伦跟我说过:"这么多年了,我一直痛恨自己的工作,但是因为收入还不错,所以一直将就着,干了整整一辈子。我已经结婚,并养育了两个小孩,养家糊口需要钱,我希望家人可以过上衣食无忧的中产阶级的生活。很多次我想过辞职,想找一份真正喜欢的工作,做一名幼儿教师,但始终没有找到合适的机会。其实,就算真的有机会,我也可能因薪酬的关系而选择放弃。不过,在内心深处,我始终心怀遗憾,后悔当初没有按照自己的心意选择喜欢的工作。"

遗憾带给我们的不良情绪可能会很深远、很持久,也可能很微弱、很短暂,可能是瞬间的刺痛,也可能是持续的隐痛,或者仅仅是一段伤感的回忆。遗憾的感受大多会伴有羞愧、怨怼、苦涩、焦虑等其他情绪,也可能造成持久的忧伤或重来一次的渴望。回忆可能会让人想起过往,继而引发遗憾。或者我们已经与遗憾达成和解,心中不再掀起波澜。不管伴随遗憾的是怎样的感受,又或者遗憾究竟有怎样的本质,我们都希望能与遗憾相安无事,从而放下遗憾带给我们的痛苦。

你在回顾过往的遗憾及其引发的情绪时,能够抽离出来,用发展的眼光看待它们吗?你能想象或幻想如果没有当初的遗憾,自己的人生会有怎样的不同吗?你会经常琢磨:"我当初若是这样做了会怎样呢?"你会胡思乱想自己错过了什么吗?你会劝告自己此一时彼一时、没必要为过去的事情而烦恼吗?

其实,我们可以善用内心的遗憾,帮助自己化解心中的懊悔。或者,你可以把遗憾当作借口,无谓地自怨自艾、自我惩罚,抱怨命运的不公,责备朋友的背信弃义。或者,你可以用现在的视角回顾曾经的遗憾,问问自己有没有新的感悟。你能做到吃一堑长一智吗?你可以问问自己,你的遗憾有没有带给你任何收获,有没有助力你后来的发展,有没有帮助你塑造更好的性格；你过往的遗憾、曾经的失败，后来有没有助力你取得更大的成就，提高你避免重蹈覆辙的能力。

我们的确需要承认并接受自己的变化，但也要明白我还是"我"的道理。我们越是抵触，越是不愿承认心中的遗憾——不愿承认那是过去的自己的一部分——就越是感到痛苦，越是觉得遗憾，越是无法释然。但是，若允许自己追悔过往的遗憾，或许我们就能接受曾经的失败、错误及不当行为。所谓"接受"，并不是要大家因过去的事情而开心，也不是要大家幻想一切可以重来。刚好相反，当承认遗憾是过往生命的一部分时，我们其实就与之达成了和解，就已经做到了释然，因为我们知道，一味地逃避和否认根本解决不了问题。当然，在释怀之前，我们要允许自己难过，对那些追悔莫及的事情，适度的难过是真正放下的重要前提。

我们一定要学会放下心中的遗憾，包括遗憾的事和遗憾的人。若是一直耿耿于怀、心烦意乱，始终无法走出愧疚或怨恨的情绪，你就不会再有心力实现自身的成长。

欣然接受（或矢口否认）自己正在老去

面对衰老，你是何种态度？接受还是否认？逃避还是抗拒？

接受衰老的方法有很多，具体要看你想达到怎样的接受程度。你可能今天好不容易接受了衰老的事实，结果第二天就变了卦，第三天又开始对其视而不见。或者你只愿意接受身体某些功能的衰老（比如行动不如之前迅速、自如），但对其他部分你却拒绝接受（如大脑反应能力下降）。你可能发现自己在某些方面的表现不仅没有退步，反而大有提升。你可能觉得自己根本没有明显的变化，与十年前相比看不出什么差别——衰老对你并未造成什么影响。或者你已经完全接受了自己步入晚年的事实，对自身表现出来的老态并不感到惊讶，也不想予以否认。你对衰老可能有清晰的认知，也可能只有模糊的感受。你可能觉得自己上了年纪，但还不算太老。你可能在内心提出了抗议，但表面上却默默地承受。你也可能会高声疾呼，抱怨岁月的无情。但无论怎样，终有一天，你会以某种方式接受自己年事已高的事实，逃避不可能解决任何问题，而你面对衰老的态度和做法会对你晚年生活的质量造成巨大影响。

既然如此，怎样才算真正接受衰老呢？你要认识到"自己真的老了，真的成了老年群体的一员，上了年纪，成了老人，在年龄这件事上你已不会再有其他可能，不会再有任何转机——我就是老了，就算不承认也无法改变老了的事实"。无论如何措辞（或委婉含蓄，或直截了当），你都已经切实认识到自己的衰老，接纳并适应了当前的身体状态以及岁月在你身上留下的痕迹。承认衰老意味着清楚地认识到自身的改变，特别是身体机能的改变。拒绝承认则意味着对衰老视而不见，始终抱着否认、逃避、曲解、压抑的态度。

事实上，面对衰老，除了欣然接受和矢口否认，还有一些折中的态度和应对方式。你可以伤心难过、郁郁寡欢，也可以痛苦不堪、心有不甘；你可以增强意识，关注自己身体的变化，也可以想办法了解衰老对情绪和心智造成的影响；你可以任其发展，也可以通过运动、药物、冥想或饮食减缓衰老的速度；你可以害怕、憎恶衰老，抱怨一切发生得太快，也可以欣然接受、坦然面对；你可以正视现实，也可以自欺欺人。

面对衰老，你可以接受它是人生的一部分，也可以选择抗拒和否认，具体做法取决于你对衰老的预期和真实体验。如果预想（或切实感受到）衰老是一个悲惨、艰难、痛苦的过程，你自然容易恐惧和退缩，自然想通过否认、无视的方法减少它对自己造成的伤害。如果预想老年是一个让人讨厌的阶段，你自然会用自欺欺人、曲解事实、痴心妄想的办法保护自己的心态。与此相反，如果衰老对你来说有很多积极的体验，或许你就能更加乐观地看待未来的日子。

我认识一位年近古稀的女士，她面对衰老的态度非常乐观。她对我说："我终于知道自己想要成为什么样的人了，没错，我就想成为一位自在的老妇人！"

那么，接受衰老对我们有何好处呢？

坚忍不拔

步入晚年，我们要面临一系列身体机能的衰退，没有人能够幸免，只是快慢的差别。快也好，慢也罢，我们都需要做好准备，应对身体出现的各种不便。坚忍不拔是我们在应对各种晚年困难时应有的心态，这样我们才不会被衰老压垮，才不会任其摆布。所谓坚忍不拔，说白了就是要有韧性、要有决心（面对衰老保持积极乐观的态度），就是要不抛弃、不放弃（与折磨我们的厄运做斗争，不让自己陷入被动和绝望），就是要坚持到最后，不因压力而退缩，就是要渡过难关（接受不幸，期待否极泰来），就是要触底反弹（不要变成一个脾气暴躁、刻薄、难相处的人），就是要卷土重来，彰显自己的适应能力。所谓坚忍不拔，就是要保持心理健康和情绪稳定，不让困难影响心智——就算身上的担子再重，也不会被其压垮。所谓坚忍不拔，就是要在逆境中努力求生，始终怀抱希望，坚信生活一定会变好，当再次面对困难时，你一定能变得更加强大，表现得更加出色，因为你已经有了经验，已经从上次的痛苦中吸取了教训——总而言之，只要坚持到底、全力以赴，你就一定能变得更加强大、更加坚强。

当然，拒绝放弃、忍受痛苦需要很大的勇气和决心，但经历痛苦、坚持战斗、真正做到坚忍不拔也会让你变得更加成熟，只要能够挺过危机，迎接你的就是心智的成长和人性的升华。

***

我的朋友乔希在他八十六岁时不幸遭遇了车祸，因为冲撞力太大，他整个人都飞了出去，落在了约十米远的地方。他伤势严重，不仅头破血流，双腿还有多处粉碎性骨折。当被送到医院时，他已处于半昏迷状态，迷迷糊糊中他告诉值班的骨科医生自己是名教师，对方听了他的话，当即调整了治疗方案。医生本来打算截掉他的双腿，因为伤势的确非常严重，但考虑到乔希的实际情况，医生改变了最初的想法。经过长达九个多小时的手术，医生终于将乔希的双腿缝合，期盼着乔希有朝一日还能重新站起来。在手术过程中，医生给乔希输了好几次血，考虑到乔希八十六岁的年纪，多次输血的操作实属正常，毕竟除了双腿，他的头部也做了缝合手术。六个月后，乔希终于出院了。在六个月的住院时间里，前半程他在接受治疗，后半程他在进行康复训练。住院期间，尽管有很多朋友、家人、学生、同事前来探望，但乔希还是比以往多出了很多思考的时间，他审视了自己作为伤势严重的老人的内心感受，梳理了各种能够激发自己战胜痛苦、努力康复的动力，还积极地展望了未来——他还想不想拥有未来，他想要一个怎样的未来，在不知道自己还能不能走路的情况下，他要不要继续战斗。接下来，我们就一起看看他是如何与车祸达成和解，并最终战胜病痛成就美好未来的。

住院的第一周，乔希整个人都处于震惊状态，不太清楚发生了什么。后来，他恢复了一点儿意识，认识到自己的境况，第一反应就是郁闷沮丧。他身边围满了朋友，每个人都想方设法逗他开心，大家都关心他、安慰他、鼓励他，对他的情绪也都表示理解。遭遇了如此严重的事故，有这样的情绪很正常。

后来，乔希慢慢地从抑郁中走了出来，他跟我诉说了自己内心的遗憾。人生突然被按下了暂停键，遭遇了如此重大的变故，他必须想办法挺过难关。他特别后悔当初放弃与新认识的女友结伴出行的计划，不过，他又补充说，"……我最害怕的就是她会离开我。我现在浑身是伤，估计以后都站不起来了，她还有什么理由继续跟我在一起呢？"不过，乔希多虑了，他的女友简并未选择离开，住院期间常常来探视他，出院后两人也没有断了往来。

乔希还跟我讲了他卧床期间的心理状态，因为不知道双腿能否康复，他的内心备受折磨。"我有很多想法，很多愿望，很多想做的事，但现在我一点儿力气都没有，不知道以后能否康复，去实现这些心愿。"思忖片刻，他继续说，"我虽然已经八十多岁了，但依然保持着年轻的心态。事故过后，我的反应明显迟缓了，脑子也不如之前清醒了，就连写字都比之前难看了。"

康复期间，乔希的情绪总是起伏不定：有时抑郁失落，有时斗志昂扬；有时因朋友的话而备受鼓舞，下定决心一定要彻底康复，有时又会信心全无，不确定自己还能不能过上正常人的生活。

刚搬去康复中心的那段日子，他总是急着下床。终于能坐轮椅了，他又迫不及待地想要站起身来。等到可以回家了，可以坐着轮椅四处活动了，他又急着想拄着拐杖行走。用了一段时间的拐杖后，他又强迫自己扔掉拐杖——哪怕只是扶着家具走上一小段路，他也能高兴半天。虽然他的状态一直在好转，但这样的进展对他来说还是太慢了。于是，他每天都给自己增加训练量，尽管他受伤的腿很疼。

七个月过去了，但距离他从康复中心回到家并没有多少时日。他对我说："这件事依然会让我情绪低落，而我对抗抑郁的办法就是让自己忙起来，让自己没有时间胡思乱想。我请人来家里做客，主动给别人打电话聊天，我开心地接待临时过来探望我的亲朋好友，他们能让我暂时忘掉内心的忧虑。跟朋友在一起，我不会感到忧伤或孤独，他们的陪伴带给我很多快乐和温暖，也让我有机会表达对他们的感激和爱意。人际交往对我来说非常重要，几乎成了我继续生活的唯一动力，和简的关系更是给了我巨大的力量。但是，当大家离开时，各种担心又会占据我的大脑。"

乔希在与内心的失落抗争的过程中，巧妙地借助了友情的力量，不仅如此，他还尝试着计划将来的日子。此外，他还会花大量的时间阅读书籍、烹饪美食，总之，就是不让自己闲下来。每次情绪低落时，他都会谴责自己："你真虚伪、懒惰！一点儿出息都没有！"他发现这个方法很有效，可以帮助他摆脱负面情绪，让他尽快走出对那场事故的怨恨。

对乔希来说，最难熬的是漫漫长夜。他跟我说过："夜里，我总是躺在床上胡思乱想，恨不得把所有不好的结果都想一遍。比如，我会问自己：'下雪天你怎么办？能拄着拐杖出门吗？是不是只能待在家里了？'不过，我接下来又会安慰自己：'别想那么远，现在不是还没有下雪吗？何苦在这儿庸人

第六章 解答晚年的困惑

自扰呢？反正我也无能为力。'"

回想起自己遭遇的这场车祸，乔希表示："它确实改变了我的人生轨迹。教书、旅行，我之前能做的很多事情都被迫中断了，就连教书的大门也即将对我关闭。"（现在他只能兼职授课，这对他来说是莫大的遗憾。）

乔希虽然不清楚自己的双腿能否恢复正常，但他始终没有放弃康复训练。"可以说，这场事故彻底改变了我的人生，几乎要了我的老命。现在，我行动不便，身体也不灵活，没有了之前的体力，我根本看不到自己扔掉拐杖从容行走的那一天！"

我对乔希的采访发生在他遭遇车祸后的第七个月，大部分时间他还得坐在轮椅上。不过，他每天都会坚持走一小段路，还会骑一会儿动感单车。他每周都会约三次康复师，不让自己有一丝一毫的松懈，可能就是因为太过疲惫，有一次他在试图自己走路时不慎跌倒，身上留下了很大一片淤青。他尽量不依赖他人，哪怕有些动作的确需要搀扶，他也会断然拒绝，因为只有这样，他才能觉得自己还有一定的独立性。每次练习，他都会超出康复师建议的训练量。

乔希反复出现抑郁的情绪，偶尔也有放弃的冲动，但最终他还是表现出惊人的勇气。他的内心充满了力量，正是这股力量让他不断努力。他希望改善自身的状况，希望继续正常生活，保持对生命的热忱。如果让我评价乔希的康复表现，我要说，他深爱的女友和所有关心他的朋友发挥了无可替代的作用。朋友会给他打电话，会来家里探望他；朋友会逗他开心，会跟他八卦，借以分散他的注意力；朋友会给他带来各种各样的消息，分享他们的近况。一位住在他楼上的男房客也给了他很多关心和帮助，经常开车接送他，帮助他上下轮椅。可以说，他的守护给了乔希非常宝贵的支持。

乔希从未让疼痛、淤青和不听使唤的双腿阻碍他前进的脚步。"我必须逼迫自己，这对我来说很重要，我只有忍受痛苦才能继续走路，我绝对不会放弃。我经常问自己'这一切什么时候才能结束'，担心美好的未来会遥遥无期。我想在8月和简一起去欧洲旅行，这是我的一个目标，我需要目标给自己动力，督促自己不断努力。我绝对不能因为忍受不了疼痛就选择放弃，我要勇敢地直面困难和挑战，我要想办法解决问题。我已经接受了现实，但这场事故带给我的伤害实在太大了。不过，我转念一想，至少现在我还活着，还保住了双腿。"乔希似乎与事故达成了和解，他会劝解自己说："事故已经发生，时间无法倒流，我怨恨这场事故，但并不仇恨肇事司机。我知道，待到我能重新走路的那一天，一切不幸都将告一段落，我相信时间能治愈一切。"他似乎已经接受了命运的安排，他继续说："我从不觉得老天对我有多么不公。"

乔希当然也有情绪低落的时候。"那场事故成了我人生的转折点，我再也无法回到原来的状态，再也没有办法、没有精力重新开始。我觉得自己的努力还不够，虽然我一直在逼迫自己，但始终觉得自己做得不够好。我对自己很严苛，无论做什么训练，都会给自己加码。"他一直在说自己做得不够好，有时还会使用第二人称，仿佛说的不是自己："你应该为自己的表现感到羞愧！"

最终，他对这次经历做了一个总结："事故发生后，我有很多负面情绪，经常伤心失落，觉得自己失去了自由，我需要忍受身体的疼痛和漫长的康复过程，我有很多愿望，但都无法实现。我有时甚至会想，何不就此彻底了断呢？我庆幸自己没做傻事，因为没过多久，我就再次坚定信心，我相信自己能够康复。我永远都不会放弃，对，永远都不会！"

随时调适自己的状态

面对衰老，我们该如何做到与之同步？我们要了解自己的状态，并适时做出调整。我们的身体、心理、情绪、社交能力都发生了改变，只有回头去想，才会意识到今时已不同往日。但从发生变化到承认变化总是需要一个过程，我们不知道自己能否缩短这一时间跨度。若能尽早承认自己的衰老，或许我们就能更好地针对自身能力、现实情况和身体的局限性做出正确的选择。

除了要关注自己的身体，我们也要留意其他方面的改变。你会不会因精力不足而失去与他人沟通的动力？你对自己的态度会不会发生改变？对身体的变化你有何感受？你的兴趣爱好和人际关系还与之前一样吗？你的精神世界呢？你看待生活和他人的眼光变了吗？你的想法和感受变了吗？你发现自己的情绪强度是降低了还是升高了？你还会对世界上发生的事情感到惊讶和愤怒吗？你有没有觉得自己的抵抗力变差了，身体不如之前硬朗了？意识到身体变差后，你有没有比以前更加关注自己的财务状况？随着你的视力变弱，短期记忆变差，你会不再关心与智力相关的事情吗？还是你会想办法锻炼大脑，尽量维持原来的智力水准？你比之前更有耐心了，还是更急躁了？

你若认真了解自己衰老的过程，或许每天都会有新的发现、新的恐惧、新的冒险或新的担忧。你可能会发现自己身体失调、谢顶严重、皮肤更加松弛、血管越发突出，看着镜子里的自己，你可能会发现自己苍老了许多。这些发现可能会引发你的好奇，也可能令你心生不安；可能会促使你接受现实，也可能会触发你心中的反感。不管如何回应，你都是在观察和了解自己，都是在认识自己在不同阶段真实的状态。

我们若能充分认识不断衰老的自己，或许就能更好地掌控生活，更清晰地知道自己在当下想要什么。

体力下降

我们该如何应对体力下降、机能变差的问题呢？

随着体力的下降，精力、耐力也会下降，动不动就会感到疲惫，就连听力、视力也会跟着变差。对此，我们可以有非常不同的应对方法：（1）不断给自己加码，积极投入，承担更多任务；（2）与第一种做法截然相反，学着偷懒，即使能做到也不去做；(3) 彻底置身事外，因为自己"体力欠佳"；(4) 拒绝一切活动和人际往来，因为自己"应付不来"。或者，我们可以在各种方法之间找到合适的度，既不勉强，也不偷懒，量力而行就好。

我们老年人除了会感受到身体机能的衰退，还会在情绪上有所反应。你可能会因身体出现了新的问题而恐惧，担心病痛无法被治愈，担心身体每况愈下。你可能会因为某个健康问题钻牛角尖，一直担心、一直忧虑。你可能会因为预想到未来遭受的痛苦折磨而心神不宁，也可能会理性接受。或者因为事先知道自己会发生怎样的变化，你能够相对自如地做出调整。当然，你也可以选择视而不见，借此保护脆弱的心灵。身体的变化可能会令你心情抑郁，或是让你羞于见人，你不想让别人看见你的无能。也许你可以静下心来，认真审视身体发生的变化，从旁观者的角度仔细观察，了解它们对你产生的影响。你可以（像我一样）想办法说服自己，让自己相信身体衰退与心智衰退之间没有必然的联系，我们的大脑依旧可以灵活运转，对于他人，我们依旧可以做到感同身受。

明晰自我认知

你还记得青春期曾经对自我认知产生的迷茫和困惑吗？事实上，自我认知是个一辈子的课题，步入老年，我们依旧可以重新定义自我，重新打造自我，自我认知依旧是个亟待处理的问题。你对自己有明确的认识吗？别人对你的认知与你内心的想法一致吗？你有没有发现自我认知发生了改变？是积极的改变，还是消极的改变？

你或许觉得自己是个独一无二的个体——一个有感觉的"自我"，一个有经验的"自我"，一个有内在深度的人，但同时，你也要认识到你与他人存在很多共性。另外，自我认知可能还包括你对自己身份的认知，即你与他人之间存在的关系，比如你是谁的好友或祖父等。如果你的自我认知很坚定，或许你就能感受到自己生命的延续、个性的持久，就能体会到你与过去的自己及身边人的情感联结，或许就能知道自己从何而来，如何一步一步成为今天的自己，未来将去向何方。你也可能会把自己看成世界的媒介或变化的催化剂，你内心深处了解真实的自己，无论做什么，你都能做到不忘初心。

要想真正了解自己，我们就需要把当下的自己与过去的自己做一下对比，并在二者之间找到内在的关联。

我的朋友乔希虽然在身体上经历了巨大的变化，但他始终坚定地认为：

> 我做人的本质并没有发生改变，我的感受、心态都没有变，只是稍稍降低了对未来的期许。我的体力确实不如从前，这影响了我写作、工作的状态，但我认为造成这一问题的主要原因是我八十多岁的年纪——精力自然会下降，就连每天早上起床都成了难题，做事也无法

像从前那样麻利。要知道，五六年前，我还能砍木头，还能奔跑。听力的下降也让我十分沮丧，身体机能对我来说非常重要，但八十岁以后，我的身体每况愈下，就连做事的热情也少了很多。即便如此，我还是在八十二岁那年完成了一次七国之旅，我一个人计划了路线，安排了行程。若是换作今天，我真的很难做到。

你的自我认知如果也有一定的延续性和进阶性，那就说明它是积极向上的。但是，随着年龄不断增加，很多负面的东西会慢慢侵入我们的自我认知，比如你会因为精力不足、机能下降而感觉自己日薄西山，丧失了曾经的体力、心智和社交能力。你还可能会对现在的自己感到陌生，感觉与之前的自己判若两人，但最让你难过的是你的人生已经过了大半，你已经时日无多。

在此，我想问大家以下几个问题：老年人应该保持有效、适当、现实的自我认知吗？我们应该如何在积极认知与消极认知之间实现平衡？又该如何保持享受和应对挑战、抓住机会、培养积极个性的理想的自我认知？

过去、现在与未来

我们在这一小节将主要讨论如何在过去、现在与未来之间找到一种平衡，从而帮助自己拥有更加美好的生活。

我们每个人都会经历人生的三个阶段，年纪越大，生活在过去的时间就越长，未来的日子就越短，真正可以把握的只有当下。如果过往的生活比现在幸福，你一定会对当初的岁月念念不忘，惦记着当初的成就、感受，怀念着当初的精彩生活。过去的回忆可能会令你难忘，想想当下，往昔的美好会令你触景伤情。你渴望回到过去，重温昔日的荣光，不过这只会徒增你的伤感。现实过得越不如意，你就越容易对过往的生活产生怀念。所谓活在过去，其实就是对过往岁月的留恋，对曾经的自我的怀念，对重拾昔日风采的期盼，对人生意义的自我肯定。

有些人可能会把注意力集中在当下，即此时此刻的生活。如果过往的生活很艰难，你可能就会努力抹去或更改那段记忆，希望自己不要重蹈覆辙，希望能从中吸取教训。你若是那种主张"活在当下"的人，就会格外在乎当下的生活，你会抓住所有的机会，尽可能活得更精彩。你可能会感怀过往，也可能觉得自己浪费了时日；你可能会借鉴过往，也可能会把往事当成过眼云烟；你可能不仅会享受当下，还会对未来充满希望，期待拥有新的感受、新的惊喜、新的刺激、新的机遇，期待成为更好的自己。

我们又该如何看待未来呢？你可以通过展望未来改善现在的状态，也可以通过现在的努力打造美好的未来。你可能对未来充满希望，因为你已经做好了打算，也做好了准备。你可能不想操心将来的事，觉得船到桥头自然直。或者，你可能担心未来时日无多，并因此心生焦虑。对于未来的自己，你可能怀抱着各种期待，有些期待基于过往的经验，有些期待基于你对自己的了解以及对未来合理的展望，有些期待完全属于无意识的幻想，有些期待基于你过去对未来的预判，有些期待基于你自身的想法以及你刚刚养成或长期拥有的习惯，有些期待则基于事业规划给你带来的动力。

我们总会对未来抱有各种期待，所以，无论未来发生什么事，我们似乎都早有预感，多少都能有所把控，有所应对。对未来的期待还会指导、影响甚至决定我们当下的行动。我们会因他人对自己的期待而努力，但也不会忘记自己对未来的期望，无论清晰还是模糊，未来的期待都会成为我们前进的动力，帮助我们成为自己心中理想的样子，指导我们究竟该何去何从。

过去的一切已成定局，未来的岁月又扑朔迷离，真正能够把握的只有现在。因此，我们一定要知道如何真正地活在当下。这意味着我们要明白自己在做什么，了解身边发生的事情，充分感受当下的体验，并采取适当的行动。也就是说，我们要集中注意力，排除干扰和顾虑，我们要认真倾听别人的讲话，了解他人真正的意图，我们要倾听自己的内心，努力认清形势、保持警惕、关注细节，最终做出发自真心的回应。

放弃与拥有

人年纪越大，精力就越有限，有些老年人可能会因此减少欲望和需求。不过也有人反而会因年纪的增长而增加自己的渴求，借以弥补年纪带给自己的诸多不幸和不便。还有些人会在两种状态之间来回摇摆，不同时间采取不同的做法。你的做法属于哪一种呢？你知道自己放弃、错失了什么，又从中获得了什么吗？你若清楚自己的得失，那你知不知道自己的极限在哪里——哪些事情你可以驾驭以及能驾驭到什么程度，哪些事情已与你无缘？

人一旦上了年纪，很多事就成了奢望，对于失去的一切（如离你远去的朋友、无法再从事的网球运动、曾经的雄心壮志、频繁的性生活以及炽热的情感等），你该如何应对呢？你会采取新的做法，弥补失去的一切吗（如积极锻炼、多加思考、练习冥想）？你会放弃培养兴趣爱好、参加活动的机会，还是会让自己忙得晕头转向？你会怀念过去的人和事，还是会陷入悲伤无法自拔？你会因此觉得自己一无是处，继而丧失自信，还是会燃起斗志，努力重获新生，弥补失去的一切？

光阴荏苒

岁月是生命的载体。当处于人生的不同阶段、面对不同的境遇时，我们可能会对时间有不同的解读和"感受"，有时我们觉得时间如白驹过隙，有时又会感觉度日如年。

你必须了解两个问题：（1）你对时间的态度和感受；（2）你花费时间、管理时间的方法。

以下是我搜集的一些老年人对时间的感受和心态：

- 时光飞逝，每天都如滔滔不绝的流水，一直向前奔涌，我时常恍惚，不知今夕何夕。
- 我想做的事情太多，总觉得时间不够用。
- 时间有限，我一刻也不能浪费。
- 时光缓慢，我总感觉被漫长的日子压得喘不过气来。
- 每天都是新的一天，值得我们好好珍惜。
- 时间是一个可怕的敌人，它偷走了岁月，正在将我们带向坟墓。
- 时间是我们的好朋友，它给了我们足够多的空间让我们做自己，并让我们用所有的经历打造出美好的人生。
- 时间如白驹过隙，过去的时光恍如隔世。
- 时间特别狡猾，在不知不觉中就溜走了，所以我要学会有效管理时间。
- 我手上有大把的时间，不知该拿来做什么好，所以我得学些消遣的法子。
- 所剩时间不多，我很担心自己不能充分利用。
- 时间属于稀缺商品，供应非常有限。

总结下来，上述说法主要涵盖了老年人对待时间的三种态度：（1）时间有限，人生已经过了大半，所剩时间不多了；（2）时间是客观存在，所以不必担心它过得太快还是太慢；

（3）现实的时间很短，但心理和体感时间却很漫长。

你若觉得时间有限，稍纵即逝，你若觉得自己还有太多事情要做，你就应该抓紧每一分每一秒。我们不妨仔细审视一下自己度过时间的方式，看看有没有办法做些取舍，做出更好的安排，从而提高时间的使用效率。具体步骤如下。

你要根据自己的价值观、需求、信仰、义务做出判断：哪些事情值得花费时间，哪些属于浪费时间？哪些是你真正想做的事，哪些是你虽然喜欢却可做可不做的事？

你要把符合上述标准的事情按照重要性设定优先级。

接下来，你要合理预算自己的时间：这件事应该花费多少时间，下一件事又会花费多少时间。你可以认真制订时间计划，也可以确定总的指导原则，让实际操作具有灵活性和可变性。

若总是觉得时间不够用，你可能会有紧迫感，并感到焦虑。如果真是如此，你一定要防止自己落入手忙脚乱的境地，千万不要毫无章法、忙中出错。当然，你也要避免走向另一个极端，即彻底躺平，什么事都不做。正确的方法是整理思路、有序安排，只有这样，你才能对时间的流逝泰然处之，才能减少内心的焦虑，才能更好地享受当下的每一刻。

如果时间并未对你构成困扰，时间的流逝和人生的短暂不会令你产生焦虑，或许你就能用一种悠闲、随性、松弛、认真的态度做事。当然，具体的态度还要取决于你所处的环境及当下你的心境和需求。

最后，如果觉得时间无限，每天都可以成为新的开始，或许你就能用心去体会身边大大小小的事物。对眼前的事物，你会仔细观察，用心琢磨，体会其中的美好和奇妙。你可能会认真地寻找它的独特之处，并专注地观察它。你可能会努力缩短与它的距离，形成紧密的联结，让它成为你生命的一部分。用不了多久，你就会因为这次投入的体验而感受到巨大的力量，并为之激动不已。你可能会听到小鸟的啾鸣，听到风吹树叶的沙沙声，感受到深夜的万籁俱寂，你会因此体会到无限的宁静和从容。你可能会感受到阳光洒在身上的和煦温暖，体验到春日万物复苏的勃勃生机。你若沉浸其中，或许还能感受到鸟叫声已经渗入你的身体，与你合二为一。这时候，你已经不会在意时间的流逝，时间似乎停止了，当下似乎变成一种永恒。

老年生活可以为我们提供新的契机。你可以梳理人生过往的各个阶段、各种体验，总结人生的方方面面——你的想法、想象、愿望、自我——并做到融会贯通。如果能仔细回顾人生的经历，总结以往的重大事件，或许你就能发现生命的意义、真谛和规律。

面对衰老带给我们的各种问题，我们要找到有效的解决办法。衰老如果令你感到焦虑，让你心情矛盾、焦虑不安、踟蹰不前，那么它恐怕也会削弱你前进的动力，妨碍你追求一心向往的人生目标。

接下来让我们一起看看乔希面对衰老的心态：

我不知道上了年纪是什么意思，我始终觉得自己还是那个妈妈最宠爱的儿子小戴维。我并未感觉自己身体有什么问题，也从不去想衰老的话题。我觉得自己还是曾经的那个少年，没觉得自己已经变成一个老人，我的人生态度一点儿都没有变。当然，我也不会鲁莽地逞强，我不再跑步，不再游泳，对此我会有遗憾，但不会受到严重的影响。我还是之前的我：相当幸福，相当睿智，有一定的能力，有明确的目标——一个见多识广、一生颇有建树的人。

第七章

达成和解

人这一生会遇到各种无法解决的问题和无法释怀的遗憾，年纪越大，无可奈何的事情就越多。至于具体该如何处理，不仅取决于它们造成的压迫感及情绪影响的程度，还要看我们是否有应对的意愿、需求和想法，以及应对的过程会不会带来更多的焦虑和不适。

我们晚年能否过得幸福，能否成为更好的自己，主要取决于我们的内心是否留有遗憾、留着怎样的遗憾以及我们能否与之达成和解。我们可以通过与他人讨论找到解决的办法，从中解脱出来，集中精力追求人生真正的目标。

我们将使用"症结"一词指代所有尚未得到解决的令人耿耿于怀的问题、困难、矛盾和遗憾——那些我们渴望找到答案并与之达成和解的事情。

所谓"达成和解"，就是充分认识到有些过往问题依旧令人痛苦，依旧会带给我们很多负能量，所以我们要采用合适的办法加以解决。我们可以找人出谋划策，也可以想办法与人冰释前嫌。"达成和解"就是要处理好内心纠结的事情，从而获得内心的平静。它意味着以一种积极的方式处理一个令人痛苦的问题，也就是要带着一种成就感和一种平和的心态。若想与心中的遗憾达成和解，我们首先要找到纠结的根源——可能是被动遭遇的不幸，也可能是主动引发的问题。而达成和解，就意味着相对充分地解决问题，至少要确保我们日后不再为其坐立难安。

接下来，我们讨论一下达成和解的具体模式，有些大家可能并不陌生。要知道，症结不同，解决的方法也不一样，而且，即使是相同的症结，也可能有多种解决途径。我们要相信，每个人都能解锁适合自己的有效方式，都能权衡遗留问题、找到解决办法，最终让自己摆脱遗憾的纠缠。大家知道是什么在妨碍我们发挥实力、挖掘潜能吗？如果能解决心中的遗憾，或许我们就能更自由地做出改变。

大家可能会好奇，与内心的遗憾达成和解究竟有什么好处呢？好处数不胜数，比如，可以减轻症结给我们造成的痛苦，治愈内心的创伤，滋养受伤的心灵，从而让我们更好地理解事物的本质。未来，我们可以做到有备无患，若是再次遇到类似的问题，我们就不会那么勃然大怒，也不会那么束手无策。我们若能迎难而上，与遗憾达成和解，不仅可以获得内心的安宁，还可以更好地体恤他人，更深刻地理解人类的共同境遇。

达成和解有多种方法，各种方法之间也并不矛盾，当然，有些也未必能立竿见影。一次不行，那就再试一次，只要多加尝试，我们一定能找到适合自己的方法。

悼念亲人 / 亲情的逝去

症结所在： 父母离世。

我之前讲过自己年幼丧母的经历，这件事给我带来了巨大的痛苦，折磨了我很多年。不过，在此我尽量长话短说。

母亲去世那年，我只有八岁，当时的我不知所措，人生失去了方向，终日痛苦不堪。如今，六十六年过去了，我依旧清晰地记得自己在母亲灵柩前泣不成声的样子。我一动不动地站在原地，神情呆滞，每次有人从我面前经过，我都忍不住落泪。老实讲，我当时并不清楚母亲的离开对我来说意味着什么，只是一味地感到恐惧、困惑、羞愧。事后我才明白，我之所以感到羞愧，是因为被同学看到了自己可怜的样子，所以觉得自己特别"差劲"。

我还记得姨妈在母亲的葬礼上冲着我号啕大哭，一边哭一边说："可怜的孩子，你以后怎么办哪？"她的话让我泪流不止，我一直哭啊，哭啊，直到眼泪流干，直到筋疲力尽。

多年后我才明白，我那奔涌而出的泪水中混杂了太多的情感，有迷茫、恐惧、悲痛、羞愧、不安、孤寂，我觉得自己很可怜，遭到了抛弃。失去了母亲，我以后该怎么办？又能怎么办？

母亲刚去世的那几年，每逢她的忌日我都会去犹太教堂悼念，每次教友的怜悯和同情都让我泪流满面。又过了几年，我学会了强忍泪水，但内心的悲伤却有增无减。

进入青年期的我很少流泪，我想自己是在恪守"男儿有泪不轻弹"的社会共识吧。人到中年，我才认识到男人流泪根本没错，而且流泪对身心有巨大的好处。

我在接受心理辅导时曾经多次落泪，对此，我印象十分深刻。那一年我三十岁，辅导中每次讲到母亲，我都会忍不住哭泣（虽然持续时间不长，但断断续续也会哭上好几场）。

待我到了不惑之年，各种冥想练习开始在美国盛行，据说这种训练能让人获得内心的平静，体会到生命的空灵。于是，我也花了一两年的时间学习冥想。尤其是在第二年，我每天都会早早起床做冥想，结果眼泪再次不期而至。起初，我总是强忍泪水，督促自己继续投入冥想训练，但很快眼泪就占了上风，不由分说地奔涌而出。于是我彻底放弃挣扎，泪水便像洪水一样涌了出来。就算好不容易止住了，没过多久又会涌上来。接下来的很多个早晨，我都会哭上半个多小时，哭了又好，好了又哭，直到泪水流干。清晨的哭泣持续了好几个星期，每个星期至少会有三四次。每次流泪过后，我都感觉心灵得到了涤荡，整个人分外轻松，仿佛压抑已久的情绪终于得到了释放，我又可以轻松地开始新的一天了。就这样，我开始珍视自己的泪水，感谢它们带给我的释然。后来，我仔细回想，终于认识到，那些眼泪都是在为失去母亲而流，我在内心深处从未与她的离世达成真正的和解。

再后来，我参加了一个讲习班。其间，我主动提出用心理剧的模式再现母亲离世的场景。讲习班的引导师帮我营造出了一个非常逼真的葬礼场景，他让一位女士躺在灵柩中扮演我的母亲，其他人则扮演我的家人和亲戚。走进这样的场景，我刚分享了几句内心的感受，便忍不住号啕大哭，一边哭一边问："你为什么要离开我啊？"我啜泣不止、低声呜咽、痛苦哀号，情绪彻底失控，根本无法继续后面的表演，身边的人一直抱着我，安抚着我，几个小时过去了，我还是会断断续续地落泪。

我浑身颤抖,声音哽咽,眼泪止不住地往下流,时而默默哭泣,时而泣不成声,反反复复,始终停不下来。

这次情绪失控让我充分认识到,流泪非常有利于我们与父母离世的遗憾达成和解,要想真正接受现实,千万不要压抑自己的泪水,要给自己充足的时间,允许自己时不时地落泪。当然,或许再多的眼泪也无法让我们对亲人的离去彻底释怀,伤痛永远无法愈合,泪水还是会时不时奔涌而出,但痛苦的程度至少会减轻,至少我们不会再钻牛角尖。最后,我发现自己每次悼念母亲,其实也是在为自己伤感,我祈祷自己能够不再落泪,能够学会释然。

如果你遗憾的症结也是亲人的离世,那么我建议你允许自己悲伤难过,允许自己在任何需要的时候宣泄情绪。找到适合的方式,让自己沉浸在悲伤中,可以不留余地,也可以保持理智。

下面这则故事讲述了另外一种失去亲人的遗憾,希望大家可以从中了解达成和解的更多办法:

> 安妮·奥尔顿是一位寡居的高中教师,她的心痛来自独生儿子菲利普十八岁时加入了邪教组织。菲利普出生于20世纪60年代,年少时受人蛊惑,不仅离开家住进了邪教组织的集体之家,还彻底断绝了与母亲的联系。安妮做过无数次疯狂的努力,希望儿子能够回心转意,但儿子非常绝情,明确表示他不会再与她有任何瓜葛。

安妮伤心欲绝，始终无法接受儿子的残忍与决绝。但是，不管她如何努力，儿子都没有给她任何回应。终于，几年过去了，她不再抱有幻想，接受了失去儿子的事实，转而把更多母爱倾注在学生身上。她总是花大量时间跟学生相处，给他们辅导作业，邀请他们来家里做客，有几个学生简直成了她的孩子，毕业之后还一直与她保持联系。安妮跟我说过，这么多年不跟儿子联系，"我就当他已经死了，再也不会回来了"。虽然她对儿子的回归已不再抱任何希望，但还是难以压抑内心想与儿子见面、与儿子言归于好的冲动。就这样，又过了几年，安妮设法联络儿子，这次儿子终于接了她的电话。只可惜，菲利普在电话那头传递出来的信息依旧是这辈子不想再与母亲见面。电话这头的安妮听后心如刀割，泪流不止，内心彻底放弃了幻想。她把更多精力放在学生身上，内心不断告诉自己，"我儿子已经死了"。她当然无法真正骗过自己，没过几年，她又忍不住开始与儿子联系。没想到，儿子这次竟然同意来家里看望她，而且真的来了，只是还带了一个同行的伙伴。安妮明显感觉儿子这次的转变只是为了找她拿钱，同伴的目的也显而易见，就是要确保菲利普办完正事第一时间回到邪教组织。安妮并未答应儿子的要求，因为她怀疑即使自己给了钱，儿子也用不到，肯定会直接上交邪教组织。菲利普离开时非常生气，安妮内心也无比痛苦，她不知道儿子此次前来

最好的年纪

究竟是因为亲情，还是因为金钱。

那次之后，安妮彻底放弃了联络儿子的想法，她尽量将儿子从大脑中抹掉，最后终于与内心的痛苦、悲伤、气愤达成和解。当然，她偶尔还是会因为儿子感到难过，但接下来的很多年，两人真的没再有过任何联系。直到菲利普的父亲去世，安妮才再次拨打了儿子的电话，希望他能来参加父亲的葬礼。菲利普真的来了，只可惜来去匆匆，而且依旧有人陪同。他跟安妮只是简单聊了几句，仪式一结束就迅速离开了。

这次之后，安妮又给菲利普打了电话。没想到，儿子的态度有了明显的好转。他已经结婚，而且有了小孩，竟然还主动提议让母亲过去看看他的孩子。安妮再次心生怀疑，猜测儿子仍是为了钱，但她还是忍不住动身去了儿子所在的城市。这么多年过去了，能够看到孙子，能够和儿子重新往来，安妮内心激动不已。接下来的几个月，安妮给孙子寄了很多礼物，也收到了儿子寄来的孙子的照片。母子关系的基调发生了改变，温馨友好了很多，菲利普盼着能与母亲保持联系，希望增加接触的机会。菲利普之所以有这样的变化，不仅因为自己孩子的到来，还因为邪教组织的瓦解。于是，安妮开始适应新的变化，接受了菲利普想要与她保持联系的现实。不过，她始终不太确定儿子的真实目的，她问自己，儿子给自己造成了那么多痛苦，究竟还要不要维系这段关系？儿子是真心想与母亲和好，还是为了改善自己拮据的生活？他是否在利用安妮对孙子的疼爱而骗取她的积蓄？当然，她并未向儿子开口询问这些，面对儿子全家的频繁拜访，她依旧欣然接受。老实讲，安妮这次的纠结持续了一两年的时间，经过了漫长的痛苦不安，她才终于在内心达成了和解。她最终接纳了儿子和儿子的家庭，愉快地享受着天伦之乐，一心想着要把二十多年的痛苦彻底放下。

菲利普和他的家人每隔几个月就会前来探望，安妮每次都非常开心，盼望着全家人能其乐融融地团聚在一起。但是，她内心也会有摇摆：出于本心，她愿意相信儿子真的已经与她重归于好，团圆的日子会一直持续下去，但大脑却一直提醒她，或许这一切只是儿子为了得到她的钱财而精心策划的骗局——就算现在拿不到多少钱，等到安妮死后也能继承一大笔遗产。于是，安妮学着直面内心的矛盾，带着半信半疑的心情接受了儿子的回归。但老实讲，她内心的疑虑和创伤始终挥之不去，只能指望时间来证明一切。她最终能与内心的矛盾达成和解，还是会始终生活在纠结之中？

以下是我总结的几点关于悼念亲人 / 亲情的逝去的建议：

你可以回忆之前与故人的互动，想想那些最怀念的部分，让自己充分感受内心的思念之痛。你可以前往故人的墓地看看，在那里任由自己的思绪驰骋，尽可能地抒发心中的感想。你可以用自己喜欢的方式为逝者祈祷，可以一袭黑衣以表悼念之情，也可以把对故人的怀念渗透进日常的生活。你可以从家人、朋友那里获得情感上的支持，向朋友倾吐忧伤，从而减轻内心的压力。此外，很多具有仪式感的活动也是表达哀思的有效途径，你可以诵读关于生离死别的诗歌，吟唱让人心情悲伤的歌曲，这些方式至少可以让你在短时间内宣泄被压抑的情绪。当然，阅读关于死亡和濒死的作品也可以加深你对故人的哀悼意识。或者，你可以找到与你有相同经历的人，彼此分享内心的痛苦。你还可以用文字抒发自己的感受——特别是难过的心情，把所思所感记录下来，充分体会，认真反思。最后，你还可以重温当初与故人的对话和相处模式，回顾共同的经历和内心的感受。

这种哀悼亲人的方法同样适用于感怀自己的遗憾。我们可能会伤感逝去的青春、消失的个性、冷却的激情、衰退的精力、一去不返的家人朋友、错过的美好人生。有太多事情值得我们伤感：曾经的背叛考验了我们的信仰，曾经遭受或施加给别人的刻薄令我们久久无法释怀，曾经承受或造成的痛苦至今仍隐隐作痛。我们还可以悼念求而不得的目标、无法完成的心愿、说不出口或得不到回应的情感。我们可能会发现自己有很多遗憾和痛苦：犯下的错误、欠佳的表现、事与愿违的结果、再也无法参与的活动、由于误会导致的分手、切肤之痛的颓废、无处安放的欲望、从未唱过的歌曲、从未听过的音乐和诗歌、未被挖掘的潜能等等。一切的一切，都可能成为你伤感的理由，只有宣泄掉，你才能获得内心的平静，才能卸下沉重的负担。

承认过往，接受现实

症结所在：身患慢性疾病，体力不断下降。

怎样做才算完全接受自己身患慢性疾病、体力不断下降的事实呢？简单说，就是承认自己的现实状况——不否认、不抵触、不抗拒。如果你真的患上了慢性疾病，这意味着你要在认知和情感上正视这个问题，无论是对自己还是对他人，你都要诚实以待。因为只有承认，我们才能将其视为自身的一部分，才能与之和谐相处。既然一切已成事实、无法改变，我们就要正视问题的存在。

接受慢性疾病可以分成几个步骤。我们先要学会忍受病痛，不焦虑、不怨怼、不激动，要有与其斗争到底的冲劲。然后，我们要学会适应，接受无法逃避的痛苦，承认病魔的厉害，如此一来，我们就算部分地接受了现实。接下来，我们要面对现实，认识到自己别无他法，只能带着疾病继续生活，虽然心有不甘，但也只能"此一时彼一时"。最后，我们要与疾病和解，不再将其当成势不两立的敌人。若能不再因患上慢性疾病而焦虑，若能与之和平相处，我们就真的是把疾病当成伙伴了，我们不仅能调整适应，还可以带着疾病继续生活和工作。我们如果能够对慢性疾病等闲视之，不再大惊小怪，它就无法再骚扰我们，我们也就可以放下怨恨，勇敢而骄傲地面对现实了。

不过，接受现实并不意味着忍耐和容忍，我不是要让大家委曲求全。真正的接受要求我们心甘情愿地承认事实，不愤怒、不绝望、不冷漠。当然，接受现实也不是要大家对疾病笑脸相迎，而是希望大家能在疾病发作时想到自己有过类似的经历，所以可以驾轻就熟地应对。总之，接受现实就是悦纳自己的一切，包括身体的病痛，不管喜不喜欢，你都要学会接受，都要为其留有空间。接受现实需要我们拿出正确的心态和情绪："我内心充盈，什么都不缺"，"我在自己该在的地方，做着自己该做的事情"，"这就是我该有的模样"，"我有任何想法、感受都无可厚非"，"无论经历什么，我都能消化和接受"。

接下来我们一起看看乔希在面对自己性功能下降时是何心态：

> 我追忆，我幻想，我渴望。但人生终要接受这一无法避免也无法逆转的事实。我们越能早点儿认识到这一点，就越能做到不受其困扰。当然，性功能下降对我的人生并不会造成实质性的影响，但不得不承认，我还是感受到了深深的遗憾。

第七章 达成和解

学会原谅，善莫大焉

症结所在： 别人的拒绝带来的痛苦以及拒绝他人造成的伤害。

原谅的确很难，原谅曾经拒绝或贬低你且给你造成巨大痛苦的人很难，原谅给他人造成伤害的自己或求得对方的谅解也不容易。但这些都不妨碍你为之做出努力，或许最终你会发现，你可以理解甚至与曾经拒绝你的人产生共情，可以理解他们当初拒绝你的原因。你可以问问自己当时是不是误解了对方，或者替他们找些拒绝你的理由，比如他们并不清楚状况，拒绝并非他们的本意，只是一时的无奈之举，等等。如此一来，你心中的怨恨就会减轻，时间一长，你内心的苦涩和仇恨会随之消失，自然不再需要实施所谓的报复。当然，你也可能觉得根本没必要为对方找理由，因为你可以直接原谅他们的所作所为，毕竟过了这么久，为何还要耿耿于怀？要知道，你的原谅行为完全是在为自己考虑，是在满足自己的需求，你要与对方达成和解，不再为之纠结。如果时间已经淡化了当初遭到拒绝带给你的伤害和痛楚，你或许就能更好地审视对方，看到对方身上的优点，找到原谅对方的理由。或者你感到仇视的负担太过沉重，不想继续负重前行，所以已经准备好将其放下。

同样，你也要学会原谅自己给他人造成的伤痛。当初，你一定也有自己的理由、逻辑和道理，所以也应该得到原谅。或者你不需要任何理由，本就觉得自己没有错，因为你毫无恶意,在当时的情况下别无选择。如果真是这样,你就更应该原谅自己了。当然,你也可能会后悔当初自己的"恶行",感觉羞愧难当,发誓再也不犯当初的错误。你可以十分同情自己,不再因过去的错误而惩罚现在的自己,你可以对自己说:"那是我的无心之举","我当时别无选择","我说了也不算","那时我太年轻","换作现在,我一定不会那样做","现在的我,不可能再做那样的傻事了","如果能重来,我会用不同的方式处理问题"。你可能也会因为自己给他人造成的伤痛而感到羞愧和内疚,所以会想办法通过"多做善事"加以弥补。

若想求得他人的原谅,你先要对自己的行为做出深刻的反省,否则肯定无法如愿。求得他人原谅的前提是承认自己造成了伤害,并愿意以某种方式进行弥补。你可能会因伤害他人而感到痛苦。你可能会觉得自己的所作所为不可理喻,即使事出有因,也不该如此行事。你也可能经过反思获得一种全新的视角,认识到自己对他人的伤害,并希望得到原谅。

无论是原谅自己还是原谅他人,抑或求得他人的原谅,我们都可以更加清楚地认识到人无完人,每个人都有阴暗面,每个人(除了极少数例外)都可能因自己的缺点、毛病而犯错,都需要求得他人的谅解。

大约十年前,我的一位好友搬去了另一座城市,在那之前,我们已经相识八年了,所以,即使她搬去了别的地方,我们也保持着密切的联系,不仅经常书信往来,而且会去对方的城市探望。就这样,分开大约十年后,她又搬到我所在的城

第七章 达成和解 177

市，我心里十分激动，希望我俩的感情能够更上一层楼。结果，我失算了，朋友虽然也想与我走得更近，但未能如愿。我心中充满了困惑，总想找出其中的缘故。后来，经过认真思考，我发现朋友已经不是我当初认识的那个人，她的心态、行事风格、价值观和生活取向都发生了颠覆性的变化，而我对她的变化并不认同，我甚至直接跟她说过自己的感受。我说自己对她依旧保有温暖美好的情感，但已经不如十年前那样浓厚。她听了我的话非常伤心，当场就流下了眼泪。我跟她道歉说不该让她难过，但除此之外，我没再做更多的解释。几个月后，我开始纠结于自己对她造成的伤害，于是再次向她道歉，希望能够得到她的谅解。我说自己没有权利质疑她的价值观、抱负和生活方式。我告诉她，我并不觉得她的观念"不对"，只是与我的不同。我希望她能原谅我的刻薄。她当时有点儿不情愿，但几个月后，我能明确感受到，她嘴上虽然没说，但实际上已经原谅我了。

难得糊涂

症结所在：遭受过怠慢、伤害、羞辱、冷落、欺侮。

我们很容易因为受到他人的怠慢或攻击而情绪激动。为了减轻自己的痛苦，我们应该学会忘记他人有意或无意对我们造成的情感伤害。

若想做到遗忘，我们一定要：

- 确保这是自己心甘情愿的选择，不要再去想它，过去的就让它过去。
- 认识到过去那些令自己伤心难过的负面情绪已经慢慢变淡，已经失去了威力，你已经不像当初那么在意。
- 将曾经的伤害抛在脑后，若是不慎想起，要强迫自己转移注意力，想些愉快的事情。
- 渐渐淡忘不好的回忆，不要在脑海里反复琢磨、重复演绎。久而久之，相关记忆一定会越来越模糊。
- "不要自找麻烦。"尽量避免接触任何能够引发痛苦、自卑的刺激，不要在大脑里像走马灯一样闪回悲伤的回忆，想办法分散自己的注意力，做些自己喜欢且需要全神贯注才能完成的事情。
- 忘记埋藏在记忆深处的受辱经历。这句话说起来容易做起来难，因为人的记忆有个奇怪的特点，往往越是想忘记，反倒会记得越清楚。我们可以想办法安抚自己的大脑，引导它不要去回忆，要学会对症结视而不见。大家一定要记住，时间是遗忘的良药。

学会释怀

症结所在：年龄歧视——因为上了年纪而遭到用人单位或其他组织机构的嫌弃，进而引发各种负面情感，包括苦涩、怨怼和屈辱等。

除了遗忘，我们还有其他可以释怀的方法吗？如何做到客观看待并摆脱曾经的伤害，如何消除内心的困扰？

当然，有些事情的确让人很难释怀，有些则轻而易举就能被放下，我们先要对两类事情做出明确的区分。

"释怀"的方法有很多，你可以把眼光放长远，把痛苦的事情看成人生中的一个小插曲，只有这样，你才能做到满不在乎，才能不再受到影响。或者你可以提高自身的格局，忽略那些鸡毛蒜皮的小事，真正地超越自我。你可以想办法说服自己，既然当初他们那样对你，为何现在你还要在他们身上花费心思、耽误时间？其实你早就不在乎了，就算当初遭到嫌弃，现在你还不是活得很好？或者你可以正视自己的嫉妒心，没错，你的确会嫉妒那些没有遭到排挤的人，但你要告诫自己不要小气，要相信总有一天你会放下这种嫉妒。

除了忍气吞声，你也许可以通过沉浸式感受痛苦的方法走出不好的回忆。宣泄情感可以帮助你将负面情绪排出体外，可以让你放下愤怒，净化你身体里的浊气。

你可以从其他群体或个人那里获得安慰，他人的接纳、支持和包容可以间接缓解你心中的遗憾。你可能会意识到当初你想要融入某个群体并非为了获得对方的认可，而是出于其他一些目的。又或者你可以庆幸自己当初遭到了排挤，否则根本不可能在短时间内对自己有清晰的认识。

要想有意识地忘记伤痛——不予理睬或遗忘旧事，你就要正视它的存在。不是彻底否认，而是将其放在内心不太重要的位置。我并不是要劝你选择性地遗忘或否认,而是想告诉你,要正视问题的存在,不要钻牛角尖,更不要让它阻挡你前进的脚步。

自我安慰
(真的没什么大不了!)

症结所在:破裂或敌对的关系。

和自己对话有时会产生非常奇妙的效果,可以让我们重新审视一段破裂或敌对的关系。你可以回顾一下当初发生的事情,想想事后彼此的关系为何会受到严重影响。你可以在脑海中再现当时的情景——事件发生的过程、你的情绪感受和所作所为、对方的一举一动、双方的情绪变化、事情当下的影响、事后是否有过类似的行为、分析过去类似经历可能带来的好处。除此之外,你还可以展望未来,想象一下事态能否按照你的心意发展,你打算如何处理这段破裂的关系。通过与自己对话,你或许能够找出新的角度理解当时的情况,也可能会更深入地了解当时的感受及你需要承担的责任。如此一来,你内心的感受或许就会发生改变,你可能会想办法与对方修复关系,也可能会在内心深处与之达成和解。

你可以设身处地为对方着想,想想当时对方的立场,或许你能获得新的感悟,继而更加客观地看待你受到的伤害。你可以从他人的视角来理解问题,这样不仅可以减轻你内心的负面情绪,还能让你在更大的程度上实现自我成长。

一位接受过我心理辅导的先生给我讲了这样一件事：他小时候与继母的关系非常紧张，他说他憎恨继母，因为她总是偏向自己的亲生孩子，对他这个继子却很不上心，对他充满敌意，所以，多年来他一直非常讨厌她。但成年后，他回头审视这段关系，发现继母的做法其实无可厚非，那是她的本能，与母熊保护自己的幼崽是一个道理。他现在已经能够理解并接受当时继母的做法，因此也就放下了心中对她的厌恶。他甚至觉得，如果换作自己，恐怕也会做出和继母一样的行为。最后，他和继母的关系得到缓解，他还特别骄傲地告诉我，现在，很多知心话继母不一定会跟亲生骨肉说，却会和他这个继子讲。

若能回想、反思一段关系破裂的过程，你或许就能把注意力从痛苦的感受中转移出来。你可以看看自己从中得到了哪些收获，有没有对自己、他人和人际关系多一些了解。如果真能如愿，或许你就能更积极地看待这段关系，自然也就更容易与之达成和解。

找人倾诉

症结所在：自己犯下愚蠢的错误或遭遇朋友的背叛。

找人倾诉，倾诉对象最好能够与你感同身受，且不会对你妄加评判。这个方法可以让你与自己犯下的错误达成和解，也可以帮助你原谅朋友的背叛。

你可以告诉对方你犯下了多么可怕、多么令人后悔的错误，你可以为之伤心难过，可以诉说内心的痛苦。通过这种忏悔，你会有种豁然开朗的感觉，自然也就更容易与症结达成和解。

你可以向对方诉说你对某人的怨恨和憎恶，原因是那个人曾经背叛过你。你要找到适合自己的表达方式，宣泄内心的负面情绪，这样才能真正做到释然。

弥补过失

症结所在：接受一段破裂或被中断的关系。

你若想与闹掰了的朋友重归于好，可以在懊悔和遗憾之后主动向对方抛出橄榄枝，缓和关系，弥补过失。当然，除了懊悔和遗憾，促使你主动向对方示好的可能还有其他情绪，如伤心、羞愧、内疚等。你可以向对方道歉，表达自己的懊悔之情，也可以告诉对方，你很后悔给对方造成了伤害。除了真心，你还要找到适合对方的方法。通过接触，如果发现对方跟你抱有同样的想法，也想跟你重修旧好，你就可以创造一个宽松的环境，在这个环境中你们可以向彼此道歉，对彼此忏悔，你们可以彻底放下顾虑，敞开心扉，认真思考两人的关系为何会走到今天这个地步。你可以和对方一起找出彼此的问题，相互倾诉当时各自的感受。经过一番情感的宣泄和理性的分析，或许你们就能改变视角，发现其中的误会，继而找到方法修复你们的情谊。只要真心想解决分歧，你们就一定能放下愤怒和伤痛，共同找到解决的办法。

保持耐心，保持宽容

症结所在：隔代叛逆。

如果碰上隔代叛逆，最好的解决办法就是保持耐心、宽容，不要轻言放弃。千万不要为此伤心难过，你可以继续关心孙子、孙女，在不触碰边界的前提下对其提供帮助。只要坚持不懈，你就一定能让祖孙关系朝好的方向发展。眼下要做的就是告诉对方，无论他们对你态度如何，你永远都不会嫌弃他们，永远都会等着他们回心转意。

寻求集体的支持

症结所在：痛失所爱。

你所在的社区和附近可能会有一些助人为乐的团体，其使命就是为刚刚失去亲人或朋友的人提供情感支持。你可以借助集体的力量，帮助自己接受亲人或朋友离世的事实。大家可以坐在一起，彼此分享故事、倾诉痛苦、表达情感、交流体验、听取回忆。如此一来，你或许就能找到之前没想到的办法，帮助自己尽早与内心的困惑达成和解。

追忆往事

症结所在：让你反思人生的场合或事件。

回顾过往可以让你更好地捕捉对某件事、某些人、某些场合的记忆。你可以重温自己精力充沛、活力四射的年轻岁月，找回当年的感觉。你可以改写曾经的痛苦，把它变成更加讨喜、更加快乐的全新模样。你可以随便调出过往的回忆，发挥想象，信马由缰地体会不同的结局。你可以发挥创意，把回忆撰写成诗歌、故事或其他作品，把属于自己的独特记忆记录下来。你可以回顾过往，从中吸取教训。你可以追溯记忆中的想法、行为、感受、选择，看看一路走来你经历了什么。你可以让自己抽离出来，冷眼旁观，把过往回忆与当下体验做个比较，从而获得更加客观的感悟。你可以把自己的故事讲给孙辈听，他们一定会听得津津有味。

你可以回忆过往的欢乐和温馨，重温与家人朋友在一起的开心时光。这些都是你的专属体验，是你人生不可分割的一部分。

乔希在遭遇交通事故后被迫卧床了一段时间，他借此机会充分回忆了自己的过往：

> 我这辈子经历了太多事情——因此也留下了特别多的回忆，有些回忆常常会在不经意间闪现。当然，之所以如此，可能是因为我在思考撰写一部自传。很多事我

都记得很清楚，特别是那段年轻的时光。我的童年非常幸福，母亲对我很好，虽然我与父亲的关系有点儿微妙，但他长期出差在外，所以不太会影响我的心情。我婚后对妻子的感情特别深厚，我清楚地记得我们的日常生活和旅行经历。我俩的每次旅行我都记忆犹新：出发的时间、乘坐的船只、最终的目的地、返程的时间，每个细节我都记得一清二楚。

自从出了车祸，我花了很多时间回忆早年的那些美好时光，这能让我暂时忘记当下身体的疼痛。（在事故发生前，乔希是那种典型的活在当下的人，如今却因为腿伤被困在了床上。他跟我讲述了很多过往的回忆，包括宝贵的友情、美好的教学时光、人生的意外惊喜等等。不过，说话间，他又蓦地从回忆中回过神来，他告诉我，他其实不想活在过去，盼着能够重新拥有正常的生活。于是，我想办法转移了话题，让他给我讲讲当下卧床的感受。）

我总会怀念与第一任妻子长达五十五年的幸福婚姻（他的妻子已于三年前去世）。我也能意识到自己当下的浪漫情感（他虽然与当下这位女士早就认识，但两人的感情最近才开始升温）。我记得自己二战期间身穿戎装的骄傲，我喜欢当兵，觉得自己是个真正的男子汉。我清晰地记得当我们的队伍雄赳赳、气昂昂地走进意大利时我内心的想法："人若犯我，我必犯人。"我被自己身为军人的男子气概和权力欲望吓了一跳,说实话,现在回想起当时自己的感受,我感到羞愧和痛恨。这件事我从未与人提起,这不就是弱肉强食的心理吗?和纳粹有什么分别?好在那并不是我的本性,而且之后我再没出现过那种想法。我认为自己是个温文尔雅的人,有着和女性一样细密的心思,所以什么男子气概、权力欲望都离我太遥远了。

回顾人生

如果能经常回顾过去,或许我们就能忆起更多的事情,就能对人生有更加豁达的认识,就能学会接受现实,探索人生的真谛以及万事万物的关联。谁又能知道这样的思考最终会对我们有什么样的帮助呢?或许这能让我们更好地理解我们的天性和经历,或许能让我们放下一直耿耿于怀的遗憾,或许能让我们发现人生的智慧、人性的宝贵以及精神的信仰,继而提高我们自己和他人的生活品质。我们还可能对人类产生总体的认识,充分意识到自己的与众不同。通过回顾过往,我们或许还能放下曾经的不快,获得内心的安宁。

我们要知道,妨碍我们与遗憾达成和解的最大障碍就是否认回避、自欺欺人、推诿责任、怪罪他人等做法。有些人甚至会否认遗憾对自身情绪产生的影响。上述办法和手段或许能带给我们一时的轻松,但问题只要没有得到解决,就会在我们松懈时再次出现。

如果你的症结已经根深蒂固，用上面任何办法都无法解决，那么你不妨做出以下尝试：（1）接受内心的遗憾，继续好好生活；（2）寻求专业的帮助，接受心理辅导；（3）努力找到适合自己的和解方法。

我虽然一直在反复强调与内心遗憾达成和解的重要性，但也觉得有必要给各位如下忠告：如果你的内心有尚未解决的遗憾，继续保留它未必就是件坏事。比如，你始终无法接受朋友的离世，这或许能够提醒你生命的脆弱，让你懂得充分享受生活的意义。

你与过去达成和解的方式会影响你成为什么样的人、选择怎样的生活以及晚年能否过得幸福。这话反过来说也成立，那就是人生幸不幸福、晚年快不快乐取决于你是什么样的人。因此，若能与内心重要的遗憾达成和解，若能找到安度晚年的最佳方式，你无疑也能在未来成为更好的自己。

第八章

安享晚年

虽然整本书都在谈论如何安度晚年，但本章我们将直接关注如何提高晚年的生活质量和幸福感。你若已经读到这里，应该清楚衰老并非我们需要解决的问题，而是应该好好把握的人生阶段。我们要想活得精彩，就必须坦然接受人生的无常。有些老年人会把"安享晚年"当成唯一的追求目标，有些老人会视其为前提条件，因为只有正确面对衰老，才能挖掘出自身的潜力。安享晚年与成就自我是相辅相成的：安享晚年、笑对衰老能够帮助我们成为更好的自己，拥有美好的人生；反过来，成就自我也是安享晚年的重要组成部分。面对衰老带来的各种机遇和挑战，我们要做的是找到安享晚年的最佳办法——不仅要量力而行，而且要因人而异，追求自身的兴趣，满足自身的需求。

人的一生总是有起有伏，有高潮也有低谷，我愿意帮助大家更好地面对衰老，抓住幸福，走出低谷。

安享晚年不仅意味要让自己过得充实，还要为他人的幸福贡献力量。安享晚年需要我们处理好自己与衰老的关系，我在这一章将为大家提供一些建议，希望能帮助各位拥有更有意义的晚年生活。

我先给大家介绍几位晚年过得幸福的老人，然后分析一下幸福晚年的必备要素。

七十五岁的斯坦利

斯坦利简直是一部永动机，他虽然心脏不太好，但似乎已无大碍。七十五岁的他身体健康，上楼时可以一次迈三级台阶。他的好奇心特别强，对人情世故、高深话题、政治事件都十分感兴趣，似乎就没有他不好奇的事物。他是一位出色的摄影师，也是园艺高手，他会拉大提琴，也会做木工活，甚至能解决电路问题。然而，他的主业其实是精神分析师，大部分时间他都在诊疗患者、指导学生，同时还从事咨询师和顾问的工作。不仅如此，闲暇时间他还会写书，渴望能在精神分析理论上有所建树。经过多年努力，他创建了一家专门为穷人及弱势群体服务的诊所，他亲自招聘员工，并给予他们相关指导，为了让大家投入地工作，他还主动提出为他们加薪。此外，他很顾家，非常在意家人朋友的感受，与孙子、孙女的来往也很密切。

他一直积极参与社区工作，赢得了广泛盛誉（并因创办诊所获得了荣誉奖项）。尽管如此，他依旧非常低调。他在业界虽有很高的威望，但做人依旧脚踏实地。他为人大度，总是毫不保留地与人分享自己的想法和见识，对那些有经济困难的人，他总会倾囊相助。

斯坦利从未停止对世界的探索，每次遇到新情况，他总会潜心研究，总是会从不同的角度对事情进行分析。

八十六岁的阿比盖尔

阿比盖尔虽然是个寡妇，却是一大家人的主心骨，她的两个孩子、两个兄弟、孙辈、重孙辈、侄子、侄女以及他们的后代都跟她保持着密切的联系。多年来，她一直通过书信、电话、拜访等方式与家人联络感情，在她的付出下，一家人相处得十分融洽。几个侄女经常来看望她，无时无刻不在关心她的身体状况。她不仅常与家人联络情感，还会时不时送他们礼物，如果有需要，她还会借钱帮他们周转。正是因为有阿比盖尔这位大家长，全家人才能走动得如此频繁，才能维持如此深厚的感情。

经过多年打拼，阿比盖尔创办了一家公司、购置了几处房产，她还密切关注股市动向，已经成了一名炒股专家。她每天都会追踪市场变化，反思自己的投资组合，研究各种股票资讯，以便理性地做出交易决定。

她一辈子都生活在同一座城市，所以在当地结交了很多朋友。大家常常聚在一起打牌，或是一起看戏剧、听音乐会、参加讲座。他们还会一起外出旅行，一起庆祝生日和纪念日。可以说，这么多年过去了，这些女性朋友给了阿比盖尔无比强大的支持和陪伴。话虽如此，阿比盖尔其实是一位非常独立的女性，她一个人生活，从不轻易向他人求助。她的身体并不好，有很多慢性病，心脏还安装了起搏器，但她仍然是一个百折不挠、谈吐风趣、关心他人的人。即使病痛缠身，她也从不抱怨，不管遭遇何种不幸，她都能以克制、勇敢、坚忍的态度面对。她热爱生活，从不浪费生命。面对未来，她心态平和，从不焦虑。

九十岁的安德鲁

安德鲁是一位身材挺拔、行动敏捷的老人，他思维敏捷、好奇心极强，非常热衷于讨论政治及其他高深话题。他最喜欢研究哲学，喜欢接受智力挑战。他博览群书，热衷历史，但阅读并不是他的最大爱好。他钟爱绘画，尤其是水彩画，他其实起步很晚，七十多岁才开始学习绘画。安德鲁一个人生活，每天不是忙着去上绘画课，就是忙着在家完成绘画练习。他不愿意麻烦别人，喜欢按照自己选择的路线出行，每天都会在固定时间出门购物，然后按时回家，做饭、做家务。

他特别看重人格的独立，虽已九十岁高龄，却依旧独自生活，而且他能够生活自理，这也成了他心中莫大的骄傲。不过，话说回来，他偶尔也需要两个女儿的帮助。安德鲁的耐性和精力都远超同龄人，午后甚至不需要打个盹儿。他的日常生活虽然与人没有特别多的互动，但每天都过得十分充实。不久前，他患了中风，好在不太严重，恢复得相当快，这也足以说明他生命力的顽强。康复没多久，他就再次过上了独立自主的生活。

九十七岁的格蕾琴

格蕾琴身体孱弱，眼睛不好，腿脚也不利索，所以根本离不开拐杖。即便如此，过去五十年她也一直一个人生活。虽然行动迟缓，体力有限，但她依旧能够维持内心的平静。她讲话的速度很慢，思路却很清晰，总能对他人做出快速而恰当的回应。她每天的生活都很有规律，起床洗漱、缓慢穿衣，这些日常小事就会占掉她几个小时的时间。她通常会与邻居共进早餐，但白天的大部分时间她都是一个人独处，听听音乐、看看窗外，唯一的锻炼方式就是在家里的各个房间来回转转。

她也有几个经常联系的家人和朋友，其中包括她的儿子。但平日里她与他们的走动并不多——只有几个邻居会常来看她。大部分时间她都是自己照顾自己，如果想吃点儿热乎的，她就会点个外卖，如果需要买些东西，她会请邻居帮忙。她视力不好，腿脚也不灵便，所以除非邻居开车载她，否则她很少出门。

虽然与外界的接触十分有限，但她并不觉得日子孤单、生活无趣，也不愿意与人同住。她给人的印象特别好，为人克制、容易相处，基本上不会给人添麻烦，也很少抱怨生活。总之，她很满意自己现在的生活，能够实现内心的自洽。

七十六岁的查尔斯和凯利

查尔斯和凯利结婚已经近五十年，两人退休后一直活得十分潇洒。与老两口走得最近的是他们的两个儿子和孙子、孙女，晚辈虽然各自有了家庭，跟老两口也不住在同一座城市，但还是会经常回来探望。

老两口喜欢旅游，出门在外总会选择入住老年公寓，因为住在那里不仅可以开阔眼界，还可以结识许多新朋友。两个人有很多共同爱好，但也有属于自己的兴趣。查尔斯喜欢学习语言，多年来已经掌握了七门外语，凯利则是一位热心的观鸟人士。

两人已经四十多年没搬过家了，所以身边住着很多好友，当然，他们与外地朋友也保持着密切联系。他们热衷于思考，关心时事政治和社会新闻，喜欢参加各种日常活动，也喜欢为朋友们的活动捧场。

他们喜欢与人接触，愿意尝试新事物、寻找新刺激。

八十八岁的休

休是一个非常健谈的小老太太，在过去的五十年里，她一直一个人生活。她有很多亲戚朋友，也有很多兴趣爱好，因为实在忙不过来，有时不得不做出取舍。她一共有四个孩子，九个孙子、孙女，她会经常与他们电话联系。此外，她还有一个非常要好的朋友，两人的关系非常密切。她的朋友其实很多，只是见面没那么频繁。她喜欢与人促膝长谈，却不会让人感觉有负担。

她参加了很多团体，包括图书馆小组和教会。她喜欢参与公共事务，每天早上都会认真听取美国全国公共广播电台播放的节目。她热心公益，一直倡导和平、节能，反对核武器。她资助了好几个经济困难的孩子，经常与他们书信往来。

她虽然精力充沛、满腔热忱，但每天必须保证十二小时的休息时间。她腿脚不好，所以没办法远距离行走，但每周还是会参加很多聚会，有时自己开车去，有时别人会来家里接她。

她喜欢与家人朋友来往，却不愿意与人同住，不想有人侵犯自己的隐私。她完全可以养活自己，丈夫过世后的五十年里，她一直自己打理账户。她不愿意麻烦别人，非常看重自己的独立性，当医生建议她不要开车时，她顿时火冒三丈，当场就把对方赶走了！之后，她依旧开着车到处转悠。

她说她不喜欢内省，却始终怀揣着一颗好奇的心，一直坚持自主学习。她对目前的生活非常满意，很少陷入负面情绪，"因为没什么让我生气的事"。她为人热情、兴趣广泛，是一个十足的乐天派。她说话思路清晰、言之有理，虽然喜欢与人深聊，但骨子里却很含蓄。朋友们经常去看她，她并不要求他们关注她。她从不给人施加任何压力，完全凭借个人魅力获得他人的喜爱，每个人都愿意跟她相处。

八十九岁的安妮

安妮是一位魅力十足的女士，近来一直生活在老年疗养院。她最大的特点是凡事都喜欢自己做主，对自己的人生更是如此。她周围的老人都很崇拜她，争着引起她的注意，抢着和她做朋友。她身上的确有很多闪光点和非凡的魅力，只要去参加聚会，她身边总是围满了人，大家都会和她热情地打招呼，仿佛她是一位名人。她虽然能够妥善照顾自己，但身边的人还是迫不及待地想要帮忙，她当然会礼貌地回绝。她以一种强有力却又亲切的方式与他人交往。安妮为人正直，做事负责，从不食言。她有时候像极了高高在上的女王，意志坚定、老而弥坚,总是想方设法让大家按照她的意志行事。即便如此,她也从未招致他人的反感,就连她的孩子都抵挡不住她的魅力,经常主动与她联系。

安妮身高一米五左右,体重四十多公斤,但她小小的身体蕴含着巨大的能量,这或许是她一辈子坚持锻炼的结果。虽然已经八十九岁高龄,但她每天依然坚持锻炼两个小时,甚至还教授一些训练课程,包括如何呼吸、如何行走、如何保持身形、如何拉伸、如何训练视力等。她招收了一批患有阿尔茨海默病的学员,因为她相信锻炼能够改善他们的病情。老实讲,她的乐观有点儿无凭无据,但她的确对自己很有信心。无论做什么,走路也罢,讲话也罢,参加各种活动也罢,她都能散发出无限的活力。

她这辈子有过很多精神导师,她信奉过东方的神灵,也崇拜过西方的上帝,现在她又开始追随疗养院里主持仪式的犹太拉比。她总是虔诚地参加各种宗教活动,经常从事冥想练习,憧憬自己未来的美好生活。她总是极力宣传(精神和身体的)各种训练,尤其强调要注重呼吸练习。她认为自己具备治愈病痛的力量,并宣称已经治愈了不少人。

面对自己喜欢的人安妮总是无比热情,但对讨厌的人她会敬而远之。总之,她总能与人和谐相处。

***

我上面提到的这些人,年龄跨度很大,健康状况、教育水平、工作背景及社会关系也各不相同，但我相信，通过我的简单描述，大家多少可以了解究竟怎样的人才能拥有幸福的晚年。我个人认为，要想安享晚年，必须满足下面几个因素。当然，并非每个因素都是必要的，但个人经验告诉我，能够满足的因素越多，晚年的生活就越幸福。

安享晚年首先需要一定程度上的身心健康，此外还要具备相当的认知能力，能够做到思路清晰。我们必须有明确的独立意识，尽量不去麻烦别人。我们需要家人朋友的温暖、支持、关爱，同时也要关心爱护他人。若想与人接触，我们可以尝试参与公益活动，同时还能为自己和他人争取利益。我们所热爱和关心的工作能够帮助我们维持积极的社交关系。我们对事、对人要保持热情、好奇，要坚持不懈地学习新事物，因为只有这样，我们才能累积更多知识，培养更多技能，拓展更多兴趣，进而找到新的方向。我们要为自己设定短期和长期目标，勇敢地走出自己的小天地。当然，安享晚年还有很多其他参考标准，具体包括饱含热情、保持斗志、积极行动、内心安宁等等。

接下来，我给大家介绍一些安享晚年的小方法，其中包括行动禁忌、活动事项、心理状态、内心目标、性格特点、主观意识等。所有的建议都有助于我们拥有幸福的晚年，大家可以单个尝试，也可以混合使用。

成长、适应、进步

要想活得幸福，就得不断成长，一刻都不能停歇。
——阿维斯·卡尔森引用赫伯特·凯门博士在《岁月正当时》(*In the Fullness of Time*)中的名句

人无论多大年纪，都不妨碍继续成长。只要有机会，我们就要追求进步，哪怕只是一点儿变化，也值得欣喜。我们要允许自己有新的幻想，只有认识到自己的缺陷，才能让自己变得更好。

我们要保持对事物的好奇心，以此寻找人生新的机遇。世界越是堕落，我们就越要优秀，这样才能拯救世界，使之变得更美好。

很多老年人都不善言辞，如果你也是这样，请一定要学会直接表达，对那些真心关爱你的人尤其应该如此。

如果依旧怀抱梦想，你就一定要想办法去实现。想想自己还有哪些遗憾，千万不要明日复明日。你要找到那个迷惘压抑、被人误解的真实的自我，问问自己：我还有哪些潜力？还能有什么成就？还能否持续输出、发挥创意？能否继续做个对社会有用的人？不要忘记心中的目标，不要低估自己的能力。

无论多大年纪，我们都应该保持学生的心态，坚持学习互鉴。如果人生随处都能学到新知识，我们就不会觉得无聊。只有坚持终身学习，你才能不断更新和唤醒自己。

我们要开阔眼界，多思考、多感受，发挥想象力，打开格局，增加同理心。有没有人需要你的理解和关爱？不要因羞怯、谦虚、短视而停止追求高尚事业的脚步，不要让它们妨碍你成为宽宏大量、光明磊落之人，更不要因此错失冒险创新的巅峰体验。

我们要不断更新自己，重塑自己，让自己充满活力。我们要不断学习，增强实力，提高生活的质量。

真、善、美

我们周围充斥着各种美好的事物，我们要学会欣赏、体会并深入地感受，因为只有这样，我们才能保持一颗开放包容的心，才能拥有丰富、美妙的人生。

以下就是我从日常生活中体会到的美好感受：

> **大树**
>
> 我望向窗外，留意到街对面有一棵大树，它身后还有一棵跟它差不多的树，仿佛在与它相依相伴。两棵树都很高大，茂密的树冠笼罩着树下的房子。我左右张望，发现它原来并不孤单，两边都有

> 大树作陪。这里是郊区的街道，不是什么小树林，所以只是零星点缀着几棵树。我仔细盯着眼前的那一棵，认真观察它的枝干，有些枝干直指天空，有些斜向一侧。原来我们附近种的树还不少，数都数不过来。正值春天，大树枝繁叶茂。粗壮的枝干上无数枝丫旁逸斜出，长满了茂密蔽日的树叶，微风拂过，树叶沙沙作响，光影婆娑。
>
> 我又看向远方，满眼的绿色让我心情大好。春天来了，万物复苏，干枯黝黑的树干与枝头苍翠闪亮的树叶相映成趣，生机勃勃的春天真好啊！我很难用语言准确形容出眼前的美好。大树有点儿倾斜，但依旧苍劲有力。我想它应该还能活很多年，至少比我长寿。
>
> 我开始审视正在观察大树的自己，我并不确定那是一棵橡树还是其他什么树。我觉得自己跟大树比起来特别渺小，后悔过去浪费了很多可以用于观察大树、与自然相处的时间。以后，我一定会多多接触大自然。

大家一定要找到自己内心的创造性冲动，想办法实现它，不管是烹饪、园艺、绘画，你都要尝试创造一些新事物，或者将事物进行新的组合。无论做什么，你都要保持激情，对社会有所贡献，在这个过程中，你一定会成为全新的自己。

对此，康妮·戈德曼有自己的见解：

创造力是一种神奇的能力，是人类的物质，并非只有伟人或天才才能发挥创造力，同样，创造力也并非年轻人的专利。随着年龄的增长，我们会对自我有更加充分的认识，所以，人越是上了年纪，越容易发挥创造力。创造力是人类精神世界的写照——我们要提高认识、悉心培养、仔细呵护。①

保持开放，灵活应变

我们要始终保持开放的心态，用同理心、同情心包容他人，接纳、关心他人的情绪状态。具体来说，保持开放心态意味着：接受新的想法，尝试新的体验，放下心中的犹豫，勇敢地迈出第一步。

衰老的确会带来很多不确定因素，因此才会令人困扰和不安。（我们知道自己时日无多，但何时才是终点？生命又会以怎样的方式结束？）我们要放松心态，找到办法，解决内心的焦虑。

我们要找回那个曾经对世界充满好奇的少年，趁着体力还

---

① Connie Goldman, "Late Bloomers: Growing Older or Still Growing?," *Generations: Journal of the American Society on Aging*, no. 2 (Spring 1991), 41–44.

允许，我们要纵情玩耍。人生苦短，没必要太刻意，学会放下才能活得更轻松。

尊重自己，尊重他人

我们要尊重自己、尊重他人，同时要相信自己能够赢得他人的尊重。我们要与真心在乎自己的人来往，因为他们可以帮助我们提升自信。另外，我们千万不要小看自己，要充分肯定自己的价值和意义。

我们要善待自己，接受自己身上的小毛病，原谅自己犯下的错误，不要因未能实现预期而惩罚自己，要给自己足够的时间，相信自己会越来越好。

无论到了什么年纪，我们都要培养力量感和自豪感，要在必要的时候用适当的方式证明自己的强大，同时帮助他人认识到他们的力量。

我们已经无法回到年轻时的状态，所以要学会欣赏现在的自己，哪怕有很多缺陷和不足，我们也要尊重自己。

融入生活，感受人生

不要切断与外界的联系，一定要融入其中，感受当下。

我们要坚持培养兴趣爱好，不要有一丝的松懈。我们要积极热情地感受生活，如果觉得自己格格不入，那就用心寻找能让自己融入的人和事。面对新的机遇，我们要保持敏锐和兴奋。

芭芭拉·迈耶霍夫在她的《数我们的日子》中描述过这样一个人：

> 他从未停止对世界的探索，迫切希望了解人生的真谛。每位老人都应该向他学习，不要因为年纪大了就自怨自艾、甘心寂寞……我们要学习他如何精力充沛地追求生活、心平气和地面对死亡、坚持不懈地书写人生，直到生命的最后一刻。[1]

快乐人生

我们要允许自己尽情地享受快乐，不要担心乐极生悲。每天都应该找些能让自己开怀大笑的事情，用欢笑填补内心的空虚。

我们要拥有玩乐心态，只要场合合适，就要寻找快乐。我们要有幽默感，不要太过严肃、太过沉闷，我们要学会轻松地面对生活。

---

[1] Barbara Meyerhoff, *Number Our Days* (New York: Simon & Schuster, 1980), 75.

勇于探索

妨碍我们探索新世界的最大障碍通常就是对超越极限的恐惧，我们害怕打破常规、突破传统——担心自己遭受痛苦、痴嗔癫狂，也担心伤害他人。但是要知道，只有勇于探索，才能拥有无限的创意，才能感受到极致的快乐。所以，不要害怕突破，要以更加包容的心态面对不断变化的陌生世界。

勇于探索意味着要敞开心扉、超越自我、感受激情、志向高远、发挥创意。我们要探索内心遥远而陌生的疆域，拥抱不熟悉的想法、怪异的想象和新的情感。我们要承担新任务，应对新挑战，迎接新机遇。

我们要寻找那些能给自己足够安全感的环境，但也要有所突破，敢于理性冒险，知道自己在做什么，以及如何撤退到一个安全的地方。

冒险并非年轻人的专利，无论什么年纪，我们都有权探索世界的奥秘、解锁宇宙的谜题。

傲霜斗雪

我们根本不用理会他人的贬低、攻击、施压，千万不要让这些困扰增加你的压力和焦虑。应对的办法有两种：一是对其不屑一顾，二是将其扫地出门。

我们要做到外表坚强、内心柔软。面对他人的发难，我们要采取必要的行动。但是，当他人有难时，我们要给予呵护。

人一旦上了年纪，就会遭遇疾病和各种各样的困难，我们要学会正确应对，不要让疾病成为生活的中心。这意味着一方面要积极配合治疗，另一方面要继续正常生活。我们要控制疾病的恶化，不要让心情受到影响，要相信自己能够战胜病魔、恢复健康。我们要有勇气、决心和信念，应对疾病的手段很多，从药物到冥想，它们能逆转疾病的进程。千万不要放弃希望，要有坚定的意愿和坚强的意志，要真心相信自己能够康复，只有这样，我们才能战胜病魔。除了必要的医疗手段，我们还要发挥思想、心灵、愿望、信仰、精神和行为的力量，我们要培养强大的内心，更好地应对衰老带给我们的无常变化。

我们要把逆境变成学习的机会，扭转逆境的过程就是培养生命韧性的过程。我们要运用自己多年的经验，找出应对的有效手段。我们要调整态度，运用智慧，积累知识，优化应对的方案。

约翰·奈哈特在他的《地球的馈赠》(*The Giving Earth*)中讲述过一位苏族老人的故事。老人说自己永远都在像年轻人一样勇敢探索："我会仔细聆听这个世界……我虽然年事已高，内心却充满了力量。每次觉得自己气数将尽时，我都会听到雄鹰在空中呼啸——坚持住！坚持住！你还不能离开，世界还在等着你去探索……"[1]

---

[1] John G. Neihardt, *The Giving Earth* (Lincoln University of Nebraska Press, 1991), 273.

***

1993年11月8日,《纽约时报》发表了一则关于梅维丝·林格伦的新闻。这位八十四岁的老妇人是一名长跑运动员,参加了全美各地举办的所有马拉松赛事。她七十岁才开始跑步,在一次赛事中还不慎摔断了手腕,即使这样,她也没有放弃,举着受伤的手腕与另一位选手并肩跑到了终点。

勇往直前

我们要从自己身上找到勇气,滋养它,拓展它,用它来抵挡"生活中的不幸和挫折"。我们不仅要有勇气面对逆境,也要有勇气迎接和拥抱晚年生活。

***

埃莉诺·罗斯福这样评价自己:"我觉得自己是一个宿命论者,人生在世,我们只能接受命运的安排,但我们可以选择鼓起勇气,尽最大的努力迎接它。"[1]

充实人生

伊莉莎白·格雷·瓦伊宁是一位儿童文学作家、教育家、

---

[1] David Michaelis, *Eleanor* (New York: Simon & Schuster, 2020),526.

思想家，也是纽伯瑞儿童文学奖得主，她一生撰写了六十多部作品，毕生都在赞颂生命的可贵。在她看来，生命是一种神圣的托付："所有认为人生无聊且可怕的想法不仅幼稚可笑，而且粗暴无礼。人生是一种托付，我们应该仔细呵护，正确使用，好好享受。待到该走的那一天，我们再安心地把它交还给世界。"①

如果已经找到生命的意义，你就要牢牢抓住，如果还未找到，那就打造一个让自己好好活下去的理由！

若想把握生命的意义，就一定要把握当下，意义不仅在于结果，也在于过程本身。

人生的意义可大可小：可以探索生命的终极意义，也可以挖掘日常生活的具体意义。

融入社会

老年人应该与各个年龄段的人保持联系，我们要参与社区活动，积极融入社会，尤其要与尊重、敬佩自己的人多来往。

我们要多结识那些晚年过得幸福的老人，把他们作为自己的榜样。我们也要努力为别人树立标杆，与感兴趣的人分享自己的经验和智慧。

我们要帮助孙辈更好地与他们的父母沟通，帮助他们更好

---

① Elizabeth Gray Vining, *Being Seventy: The Measure of a Year* (New York: Viking Press, 1979), 168.

地——最好能在父母认可的前提下——发挥个人潜能。

我们要努力与他人建立友好而温暖的关系，了解自己对他人应尽的责任和义务。但是在不想被打扰时，我们也要给自己留出足够的空间。

我们要想办法解决人际关系中的问题，学会如何既不对自己和他人造成伤害，又能及时表达内心的沮丧、失望、愤怒等负面情绪。

与他人保持情感联结的确需要付出一定的努力，但请相信我，你的努力一定会带给你丰厚的回报。

投身事业

所有进步都离不开坚持，成功人士几乎无一例外都会对自己热衷的事坚持到底，他们每天可能会做一千件事，但一定不会遗漏自己最看重的那一件。

——休斯顿·史密斯《人的宗教》

我们心中若有值得为之奋斗的事业——每天早晨督促自己起床、白天督促自己奋进的动力，我们的人生将会多么刺激，多么幸福！请大家用心寻找，一定要找到值得自己全情投入、为之奋斗的事业。

***

　　萨尔瓦多有这样一个人：他长年参与工会运动，为了改善穷人的处境、推动国家的民主进程一直坚持不懈地奋斗，他也因此成了萨尔瓦多军方的眼中钉，时刻面临被暗杀的风险。有一次，枪已经顶在了这位老人的头上，好在他们并未扣动扳机，他们只是想吓唬他，让他停止参与运动。老人被释放后讲了自己的想法，他说在以为自己将被处决的那一刻，他的内心奔涌出各种情绪，其中最主要的是对妻儿的担心和惦念。没有了丈夫的妻子，没有了父亲的孩子，他们日后的生活该怎么办？不过，他想到自己死后还会有人举起旗帜，还会有人为了高尚的事业继续奋斗，便放下了焦虑。他告诉自己要平静地面对死亡。没错，伟大而崇高的事业值得为之付出生命，它给了这位老人面对死亡的勇气。对他来说，伟大的事业比任何事情都重要，这是他的信仰、使命，他愿意为之付出生命的代价。于是，刚被警方释放，他就再次投身于伟大的事业，内心没有丝毫的惧怕。

　　那么，我们该如何让日子充实起来呢？方法其实很简单，就是要保持好奇心，勇于面对挑战，积极参与活动，为自己认为有意义的事情贡献力量。所谓事业，可能与你原本的工作有关，也可能毫无关联，我们要做的就是参与其中，挑战自己，提升自己。我们要坚持做自己热爱的事情，积极投入。要知道，过程比结果更令人兴奋、更令人满足，也更能点燃我们的热情和动力。

我们所做的事情，无论大小，都能给我们日复一日活下去的理由。我们会为之思考、发挥想象、集中精力，为之提出创新的想法和深刻的洞见，为之探索全新的视角。如果你内心也有这样一件重要的事，那么你可以把它当成人生目标，更好地安排自己的生活。事实上，认真做事就是认真生活，如果没有喜欢做的事，人生就会失去方向，我们就会感到茫然和无助，甚至觉得自己一无是处。反之，我们就会感受到生命的力量。

我们要寻找并创造各种机会，接触志同道合的人，投身值得为之奋斗的事业。参与崇高事业不是为了短期利益，我们要提升格局，懂得为更多人的利益而努力。很多伟人晚年都过得非常幸福，比如弗洛伊德、毕加索、贝伦森、米开朗琪罗、达·芬奇、荣格、欧姬芙、摩西奶奶、阿瑟·鲁宾斯坦、弗拉基米尔·霍洛维茨、约翰·杜威、伯特兰·罗素、阿尔贝特·施韦泽、马丁·布伯、爱因斯坦等等。这些人之所以能安享晚年，就是因为他们对艺术、音乐、哲学或其他事业的全情投入，并认为自己在追求更高的目标。

伯特兰·罗素年近九十还领导了一次倡议核裁军的运动。九十岁时，他又向政府首脑主动请缨，希望出面协调解决古巴导弹危机。阿尔贝特·施韦泽也是如此，九十岁离世前常年在加蓬的一家医院悉心照看那里的患者。在这些伟人的字典里，从来就没有"太老了"这几个字。

利用闲暇时光

退休后,老年人有更多的时间,我们应该把它用在适当的地方。首先,我们要找到所谓的目标——究竟该把闲暇时间用在何处——以及实现目标的手段,然后制订具体计划,并最终付诸实施。我们要充分利用闲暇时间,追求真实的自我——那个长久以来备受压抑、不敢公开亮相的自我。

身心健康

你若觉得自己有太多事情要做,而时间却不够用,那么你一定要学会放慢脚步。相反,你若觉得人生无聊、无事可做,那么请你加快速度、加大马力。

老年人一定要学会自我关爱。不要钻牛角尖,要用心善待自己。我们要确保身体摄入适当的食物,得到充足的休息。我们要进行适当的锻炼,呼吸新鲜的空气。我们要尽量避免情绪受到严重的影响和破坏。如果某种场合、某个群体让你感觉紧张或自卑,不妨换个环境,换个社交圈子。

我们要勤动手,勤动脑,感受情感的流动。生命在于运动,暂时的休息是为了更好地积蓄能量。

老年人的身体、心智、情绪、精神都会发生变化,我们要知道自己的真实状况,了解自己的优势和缺陷,明确自己可以追求和必须放弃的目标。对超出能力的事情,我们应该学会放下，比如跑马拉松可能会让很多人感到力不从心，对我们这个年纪的人来说，熬夜后也不要指望第二天能保持清醒。

我们要找到能让自己放松身心、集中精力、心绪宁静的内心角落和外在世界，身处其中，我们可以毫无压力，尽情地做自己。

积极向上

我们不要因心中的症结和遗憾而心慌意乱、手足无措，一定要学会活在当下。

对任何人，我们都不要轻言放弃，尤其是对自己。只要活着，人生就有希望。

在判断事物时，不要苦大仇深，要关注积极的一面，要提出建设性的想法。当然，我不是要你忽视或否认负面因素，只是希望你能做出客观的判断，尽可能做到积极向上。

当然，如果出现问题，我们也要知道如何应对。郁闷、痛苦、焦虑没有任何意义，我们要学会举重若轻、泰然处之。

面对人生，我们要保持积极的心态，不要动不动就深陷绝望。我们要热爱生活，关注身边发生的事情。我们要时刻记住，无论发生什么，只要活着就有希望，相信自己可以做出改变，要尽量减少玩世不恭、吹毛求疵、满腹牢骚、相互推诿等负面心态和做法。

我们要尊重生命，尊重大自然。

我们要勇于展望未来，对未来做出合理规划。面对未来，我们要满怀希望，要像对待当下一般投入。

当然，我们也要回顾过往的人生，回想曾经的高光时刻、快乐瞬间以及超越自我的巅峰体验。人生就像一场旅行，每一步都是为了到达幸福的终点。

总之，我们一定要善用时间。

高风亮节

> 一个人能否说真话并不取决于意愿，而是取决于胆量。随着年龄的增长，我们的胆量往往会越来越小，但社会传统对老年群体相对比较宽容，所以我们可以侃侃而谈，可以相对自由地发表个人观点。
>
> ——《蒙田随笔全集（第3卷）》，查尔斯·科顿译

我们要追求真实，对自己和他人坦诚相待，我们要诚实守信，不要工于心计，不要钻营运作，不要为了一己私利走捷径、说谎话、歪曲事实。我们要做到实事求是、开明大度，要表达真实的自我，不要一味地迎合。

我们要说话算话，兑现自己对他人的承诺。我们要客观评价自己的能力，不要信口开河，要做到言出必行。

我们要信守原则，坚持实事求是、身体力行的传统美德。我们不要违背自己的价值观，要勇敢捍卫自身立场。我们要追

求高风亮节，让生活过得更有意义，让自己成为他人的榜样。

激情和性感

由于年龄歧视，老年人总是被描述成干瘪的果子，没有活力，也没有感受力，跟性感更是不沾边。然而，富兰克林·罗斯福总统的内阁部长哈罗德·伊克斯却能老来（八十多岁时）得子，对上述言论做出了最有力的回击。

大多数老年人依旧有性欲和性生活，我们可以继续寻觅属于自己的真爱。千万不要担心自己"表现"得不够好，最重要的是内心的爱和温存。

接受现实

很多事情既然木已成舟，那就学会接受现实，阿维斯·卡尔森说过："所谓接受，就是对自己说，'我已经老了，此时此刻还在衰老，未来还将继续老下去。我感谢老天，让我有机会体验衰老，让我有机会迎接新的机遇'。"[1]

我们要学会放弃。很多东西虽然很重要，比如我们的老房子，但一旦失去，我们就要接受现实，这样才能更好地应对未来更多的生离死别。

---

[1] Avis Carlson, *In the Fullness of Time* (Chicago: Contemporary Books, Inc., 1977), 132–133.

人生就该如此：在该道别时道别，在该进取时进取。

痛恨衰老只能让我们变得更加脆弱；只有接受，才能让我们学会从容。

正视死亡

老实讲，我一直没有真正理解万事皆空的意思，不过托马斯·曼却给出了非常深刻的解释。他说："面对死亡，真正虔诚的做法就是将其视为生命的一部分，有生就有死，死亡是生命神圣的先决条件。"[1]

随着年龄的增加，我已经无法无视死亡这一问题，我必须学着慢慢接受。对我来说，最困难的就是把死亡看成生命的一部分——不仅要想好用什么态度面对生死，还要真正做到心平气和地死去。

我们若真能想明白死亡这一结局，或许就能更潇洒地活在当下。我们若真能和人终有一死的事实达成和解，或许就能活得更加通透、更加精彩，就能更积极地追求我们的目标。

我认为，老年人若想安享晚年，就必须正确看待死亡。每个人的态度可能都不一样，有些人会很从容，因为他们相信还有来生；有些人会选择无视，直到避无可避；有些人会积极与死亡及内心的恐惧达成和解。一个简单易行的办法就是问自己

---

[1] Thomas Mann, *The Magic Mountain*, trans. by John E. Woods (New York: Vintage, 1996), 237.

几个问题，在寻找答案的过程中，我们或许就能在情感上更好地接受死亡。

你希望自己何时、以何种方式离开人世？了解死亡的知识对你有没有帮助？你是想现在就思考这一问题，还是打算日后再去面对？你是想一时兴起就思考一番，然后将它遗忘，还是愿意持续不断地深入思考？你是想完全规避这一话题，还是想客观理性地看待？你想做点儿什么以更好地迎接死亡的到来吗？经过认真思考，你会接受自己终将离开的事实吗？你会将死亡视作衰老的一部分吗？

你能找到正确的方法，既认识到死亡的现实，又不为之心烦意乱、心事重重吗？你对死亡的认识能让你活得更加充实、更加珍惜生命吗？

思考这些问题或许能让我们更加客观地面对死亡，从而与最终的结局达成和解。但是，如果在寻找上述问题的答案时你陷入沮丧和痛苦，你就该暂时作罢，等做好准备再去面对这一人生难题。

第九章

成为更好的自己

（我们应该认真思考）如何认识并挖掘自身潜力，做到举止自若，实现心理健康。

———

阿什利·蒙塔古
《越活越年轻》（*Growing Young*）

本章内容将帮助各位更好地认识自己，让大家都能做到壮心不已、老有所为。每个人的内心都蕴藏着一些未被发现的性格特质，这些特质就是有待开发的潜能。

或许你一直在努力成为更好的自己，只是心愿尚未达成。或许你从未思考过这个问题，那么请你相信我，你一定可以成为更好的自己，做一个真正的好人（做一个真正的人）。当然，这需要我们从骨子里做出改变，因为只有这样，我们才能认清自己，继而成为一个更加真实、正直、言行一致的人。

究竟什么样的人才算得上好人？利奥·罗斯滕在他的《当今犹太人的快乐》(*The Joys of Yiddish*)一书中将好人定义为"正直、诚实、体面的人"或"说话有分量、值得敬佩效仿、品格高尚的人……是不是好人关键要看这个人是否具备以下性格特点，即正直自尊、明辨是非、尽职尽责、端庄高雅"。[1]

下面，我就给大家介绍一位我心目中的好人：

> 八十六岁的莉娜是一位温柔、坚强、富有同情心的女士。每次与她见面，我都感觉她特别照顾我的情绪，无论我说什么，她都会全神贯注地倾听，从不会三心二意，她这样做在无形中提升了我的自信，让我觉得自己是个有价值的人，值得她全心全意去对待、全力以赴去支持。在她面前，我感觉自己是一个被尊重的独一无二

---

[1] Leo Rosten, *The New Joys of Yiddish*. New York: Crown Publishers, 2001.

的个体,无论我说什么,她都会让我觉得她在内心深处理解我的感受。

莉娜总是给人一种不苟言笑、眼光高远、正直真诚的感觉。她是一位心理治疗师,当她的患者的朋友或配偶出现心理问题需要咨询时,她总会义不容辞地出手相助。在倾听对方的经历时,她总是表现得十分克制,却依旧掩饰不住她散发出来的智慧和温柔。

莉娜不是一个情绪外露的人,她的温暖如静水流深,能直击人心,却又不会让人感觉无力招架。她能让你感受到她的支持,却又不会让你对她产生依赖。你会愿意与她分享,却又不会感觉隐私受到侵犯。她所表现出来的从容和独立在某种程度上也会感染你,在她面前,你的焦虑会减轻,你会变得更加真诚和自信。

她曾经遭受德国纳粹的迫害,对人性的恶非常了解,所以才会迫不及待地想要寻找并鼓励人性善良的一面。她已经八十多岁了,因而或直接或间接见证过太多人类境遇的高峰和低谷,所以总能对人报以最大的同理心。她作为心理治疗师的经验十分丰富,知道如何缓解他人心中的苦闷。她了解生命悲惨的一面,却依旧能勇敢、骄傲地接受现实,即使遭遇不幸,她也会继续工作,继续帮助他人走出泥潭。

我一直在劝大家做个好人,但并不希望各位在心里成天琢

磨这件事，也不想大家用圣人的标准要求自己。我们应该从小事做起，为自己取得的每个成绩、每次进步感到骄傲。我相信，只要一直朝着好人的方向前进，我们就能提高生活的品质，增加自尊和自信。

我们要努力做个好人，在日常生活中彰显人性的善良。但是，在释放善意时，我们大多不会刻意想着要"做个好人"，很多时候，你根本不会察觉自己是在做善事。大家若想要了解自己的行为，一定要仔细留意日常生活的细节，懂得虚怀若谷、静水流深的道理，任何场合、事件、人际交往都可以成为我们塑造个性、实现个人成长的良机。比如，听到动人的音乐，见证婴儿的诞生，伤感朋友的离世，享受与爱人的云雨，这些都是值得留心的宝贵瞬间。同样能够帮助我们实现成长的还有以下体验：让人惊魂未定的可怕经历，让人束手无策的情感冲突，在街上与乞丐聊天，为他人的贫困和痛苦而动容，被他人英勇而高尚的行为感动或自己见义勇为，你的女儿即将嫁做人妇，你即将成为外公，九死一生战胜病魔，赢得渴望已久的大奖，与重要的朋友断了往来，听到振奋人心的演讲，观看发人深思的戏剧，读到开启心智的作品，遇到散发着人性光辉的陌生人，听闻民族运动取得成就，帮助更多人过上自由、公平、幸福的生活。上述所有这些连同生活中的其他事件都值得我们用心去感受，我们要体会当下的情绪，反思自身想法和行为的变化，拥抱全新的境界。此外，我们还可以思考这些事情的其他意义：它们是否加深了我们对"自我"的认知，是否提升了共情、训练了直觉,是否扩大了我们对人性的了解,加深了我们对人类境遇的洞察。

当然,有些时候你或许会觉得自己的所作所为算不上一个好人,但即便如此,你也可以通过审视这时的自己而获得心灵的启迪。你对他人很冷漠,缺乏同情心吗?你只关心自己的利益吗?你会把他人当作可以利用的对象吗?你会产生刻薄的想法、做出自私的举动吗?你会忘记自己的承诺和责任吗?你做不到绝对诚实可靠吗?

要想改变这些"算不上好人"的行为,你需要审视行为背后的动机及原因,或许同时还能找到做出改变的方法。

同样,你可以找出自己做得好的地方,在强化认识的基础上再接再厉。自问自答就是一个简单易行的好办法。

你在何时、何地、以何种方式有过以下经历:

- 对别人有了深刻的理解和共情?
- 提升了自尊、自信,感觉自己是个正直可靠的人?
- 遵循了积极的人生观,做出了相应的举动?
- 关心集体利益和公共事业,并参与了相关活动?
- 与他人维持一段相互关心的深厚情感关系?
- 在日常生活或特殊场合里表现出对生命的尊重?
- 智慧地做出了艰难的决定?

***

我们在上一章提到安享晚年并没有一定之规，做个好人也是如此，没有什么单一的秘诀。话虽如此，大家依然可以了解一些行之有效的办法。

培养智慧

> 如何面对衰老是生命艺术各个章节中最难的部分之一，需要拥有人生的大智慧才能理解透彻。
>
> ——亨利·弗莱姆·埃米尔，
> 《埃米尔日记》（*Amiel's Journal*），
> 玛丽·A. 沃德译

智慧是我们所能获得、所能赠予的最宝贵的礼物。直觉上，我们似乎知道什么是智慧，也能分辨出有智慧的人，但我还是想给大家一个智慧的定义，希望有助于我们后续的讨论。

海伦·卢克将智慧解释为：

> 生命之旅走到了秋天，迎来了收获的季节，而你已完成收割，不再需要摇着船桨在内心和外在的世界乘风破浪，你已经具备了分辨是非的睿智，它能帮助你判断良莠，去伪存真，帮助你了解宇宙运转中万物存在的意

义和价值。[1]

***

智慧有各种各样的表现方式，包括三思而后行，减少偏见、客观地看待问题，理解人类的共同体验，明白生命的意义，等等。你的思维方式可以体现你的智慧——你的判断是否准确，评价是否合理，权衡是否敏锐。你会通过自己的感受（同情心、同理心、直觉等）来体现你的智慧。此外，你是否思虑周全、是否高风亮节、是否"行为得当"，这些都可以成为智慧的标准。智慧能引导你保护、滋养、增加你自己和他人的幸福，有智慧的人可以与他人建立相互关爱、相互尊重的情感关系。当然，智慧也将表现在你讲话的方式、内容和你公开表达自己意见的场合上。你是否该发表见解、给出建议，该发表什么见解、给出什么建议，这些都能体现出你的智慧。

归根结底，智慧其实是认识深度的体现。只有理解到位，才能做到道德开明、公平公正、助人为乐，才能建成相互关爱的社区，表现出对所有生命的尊重，才能明白人类离不开彼此、离不开自然，才能用心保护地球上的所有物种。

我相信，很多人对世界都有深刻的认识，都拥有宝贵的智慧，只是自己尚未意识到。因此，我想跟你谈谈如何解锁你心中的智慧，让它发挥出更大的作用。

---

[1] Helen Luke, *Old Age: Journey Into Simplicity* (Great Barrington, MA: Lindisfarne Books, 2010), 18.

人们大多认为智慧是年纪的产物，不管是什么性质的智慧，大家的普遍共识就是，多年的经验积累会让我们对人类境遇、人性弱点、真善美有更深刻的理解，对如何更好地改善人类的生存环境也会有更明智的手段。拥有智慧能让我们变得更成熟、更积极，所作所为也会符合更高的道德标准。

智慧的人也喜欢分享，他们会找到合适的渠道分享自己的智慧，让更多的人从中受益。他们知道如何应对各种问题，尤其是如何面对衰老，他们会把自己的方法告诉更多人，希望能够集思广益，减少人们的困惑。

人们容易把智慧想象成求而不得的奢侈品，但事实上，每个人都有潜力，都可以利用智慧改善自己的生活。我们也有很多培养、提升智慧的方法。

我们可以向智者求教，听取他们的意见。我们可以阅读相关书籍，此类作品比比皆是。我们可以回首过往，仔细思量过去遭遇的痛苦和危机，吸取教训就是在增长智慧。我们也可以就人生的关键节点咨询过来人，反思过往的经历，总结经验教训。我们要仔细研究智者的人生，尤其是他们对生活的反思。我们要发挥自身的想象力、逻辑判断、直觉悟性，判断在特定情况下什么是睿智的决定，什么是一般的智慧。

如果有幸遇到让你醍醐灌顶、脱胎换骨的事情，你一定要问问自己：

- 这件事对我和其他人有何影响？我有何具体感受？为何会

有这种感受？
- 这件事对我有何意义？为何会有这样的意义？
- 这件事让我对人的性格、作用及人类整体的境遇有了怎样的认识？
- 我或对方在这件事中是否表现出了同情和理解？为何会如此？同情和理解对我有何影响？
- 本次体验我是否受到其他社会、心理、经济、个人、精神等因素的影响？这些因素是共同作用，还是相互掣肘？
- 我们有没有了解彼此的人性？如果有，具体如何？如果没有，为何会有这方面的疏忽？
- 这件事有没有拉近我与他人的关系？我们之间建立了怎样的情感纽带？建立的过程如何？
- 这件事有没有让我实现成长，或是增加对自己、他人、人际关系、人性及社会的了解？
- 我对发生的一切是何态度？心态是开放的，还是封闭的？
- 是什么让我与他人产生了共鸣？如果没有产生共鸣，妨碍的因素有哪些？
- 他人的观点和价值观对我有启发意义吗？有没有帮助我拓展想象力、开辟新视野？有没有刺激我产生新的想法和思考？此时此刻，我对这些新的想法和感受有何评价？
- 通过这件事，我对自己的互动能力有没有新的认识？我表现得如何？我的互动能力会在什么情况下发挥出最大的作用？

人类的智慧包罗万象，有不同的形式、不同的维度，有的关乎自我认知，有的涉及日常生活。

智慧的自我认知

我们要增强意识，了解自己的内在动力及外在行为，只有这样，我们才能真正认识自己，让自己成为真诚、正直、完整的人。

我们要正视自己内心的阴暗面——破坏性的、愤世嫉俗的、残忍的、卑鄙的心理。只有了解这些，才能抑制破坏性冲动——才能对其加以控制，并最终做出改变。如果能认识到自身的两面性——人是善恶的矛盾统一体，或许我们就能对自我和他人的人生更加笃定。

我们应该充分认识到我们的个体利益与集体的公共利益密不可分、相辅相成，我们要学会慷慨大方，要舍得花时间和精力关心他人、指导他人，要不吝啬对他人付出关爱和理解。

我们要对自己的需求、奢求和喜好做出明确的判断，对自己的容忍度有清晰的认识，进而对人生做出正确的取舍。

智慧的心态与世界观

我们看待事物时眼光要放长远，既要回顾过往，也要展望未来，千万不要流于表面，一定要深入问题的核心。

我们要对生命有信心，懂得人都有求生的意愿，即使在痛苦脆弱时，也要坚定信念。我们若想逆风翻盘，就离不开这样的信念。当然，我们也要知道，人类虽然一直都有求生的意志，但到了最后一刻，即使有意愿也无济于事，最终我们都要与这个世界告别。

我们要拓宽视野，打开格局，每个人都是自然界的一部分，我们跟其他生物一样，终有一死。我们只是人类漫长的生存链条上的一环，我们死后，子孙后代会延续我们的生命。

我们要充分认识到，现行的社会制度、社会架构不过是人类发展到某个阶段暂时的布局。一种布局的存在并不能证明它没有任何问题。我们要学会开阔眼界，发挥想象力，展望新的形式和方法，设想社会、政治、经济、心理的联结与架构，构建相互关爱的理想型社会。

我们要学会辩证地看待世界上的人和事，这个世界不是非黑即白的存在——我们要找出中间的灰色地带。我们要懂得生命在于细节，既要关注沿途的风景，也要懂得总揽全局，认识到生命最终的结局。我们既要学会剖析整体，也要懂得见微知著，要了解整体与部分的关系。

我们要接受人生的矛盾和悖论：一方面，人生会有很多偶然、意外和失控的场面；另一方面，人生也会有很多可预测的、可控的和可掌控的事情。若能做到具体问题具体分析，我们就会发现其中的细节，所有细节都此呼彼应、环环相扣，所以不能孤立看待。

挖掘人性之美

若想充分开发自身潜能,只有智慧还远远不够,我们还要学会彰显人性的真善美。我们知道人性存在黑暗的和破坏性的方面,但还是要努力展现人性的光辉。

我们要加强认识,理解人性的方方面面,只有这样,才能对人类所有的情感和体验产生同理心。谁知道呢?或许你最终会发现,其实自己跟别人并没有太大差异,你的感受、想法与别人也没有本质差别。如此一来,或许你就能增强与他人的共鸣,并加深对人类各种体验的理解。

我们要抓住机会,培养自己的同情心和"善心"。也就是说,我们要多多参与公益事业,多为他人谋福利,尽可能地表达对他人的尊重、关爱,维护他人的尊严,反对一切摧毁他人精神的行为。

我们可以通过社交更好地发现并理解人性,了解我们的经济、政治及其他社会架构对个人造成了怎样的影响。然后问一问,现行制度是否能保护生命、改善生活?如果可以,具体是如何实现的?

我们要学会肯定他人的独特、宝贵之处,这样做就是在肯定对方存在的意义。在与他人相处时,我们要给予对方全部的注意力,真正做到全情投入。

我们要积极探索人性的本质,或许我们也能像哈里·斯塔克·沙利文一样获得宝贵的发现,即"人与人虽各有不同,但本质上都是人类"。我们无须烦扰，只要"简单做人"就够了。①

我们要试着超越既有的社交小群体，探索更多人生的体验，从而获得新的身份认同。没错，我们的确是与众不同的个体，但同时也是人类统一体的一员。

***

人类究竟有哪些共性？哪些是专属于人类的行为方式？我一直在思考这些问题，因而发现了一些人类境遇的共同之处，即人类的共性。

人类起源相同，基本需求相同。我们全都诞于母体，降生之初，都需要他人的照顾和养育。

人类相互依赖。人类要想存活，离不开彼此的帮助。

孤独感相同。我们虽然可以彼此交流，可以建立各种人际交往，能在某个群体中找到归属，也能做到相互融合，但我们始终孑然一身地存活于世，无法实时表达自己的感受，更无法实时获知他人的体验。无论有多少人际往来，有怎样的联盟，一旦与母体分离，我们就成了独自存在的个体。

局限性相同。我们必须承认自己在身体、心理、社交方面存在局限性，而且要与之达成和解。和解的方式很多，我们可以回避、屈服、拒绝，也可以接受、适应。当然，我们也

---

① Harry Stack Sullivan, *Conceptions of Modern Psychiatry* (New York: W.W. Norton & Company, 1954), 96.

具备——至少暂时具备——共同的能力，以某种方式超越这些限制。

脆弱性相同。我们都会遭遇意外、伤害、疾病或命运的变迁，即使能力有限，我们也都能想出应对的办法。

情绪相同。我们所能体验及表现出来的情绪大体一致，只有程度、强度、深度的差异。

人类都使用语言。我们会在日常生活中连续使用声音符号和书写符号，用语言思考、用语言生活。

生命都有极限。我们面临相同的命运，即死亡。不管用什么方式，我们都得面对人终有一死的现实，面对虚无，面对死亡引发的各种情绪。我们的反应可能是焦虑不安，也可能是顺从接纳；可能是无声的恐惧，也可能是明显的害怕；我们可能会与之战斗，也可能选择逃避或投降。但无论如何，死亡都是我们必须面对的终极课题。

人类负有共同的使命。我们要善待每个人赖以生存的地球。

最后，我们也都有能力将他人视为人类大家庭的一员，我们要像尊重自己一样，充分地认识并尊重他人的生命和人性。

既然人性相通，我们就不该把他人视为异类，不该将他人踢出人类的大家庭，每个人都有权争取生而为人的尊严。

我们对他人认可的程度决定了我们自身人性完满的程度。

芭芭拉·迈耶霍夫在她的《数我们的日子》中提到她的一位受访者，这位受访者这样说：

人只有上了年纪，才能了解人类的本质，才懂得如何做个真正的人。我们若能在自己身上发现勇气，认识到生命的活力，人生就可以达到另一种境界。要想实现跨越，不仅需要大脑的智慧，还需要灵魂的升华……年纪轻轻，恐怕很难有这样的认识，但一旦开了窍，我们就不会再惧怕死亡，因为我们已经做好了准备。①

***

当然，培养人性的方法不计其数，我们可以找人讨论让人惊心动魄的大事，如孩子的出生或夭折。或者我们可以与病魔抗争，从而对他人的痛苦感同身受。我们可以通过参加婚礼、毕业典礼等重要活动而变得更有人情味，也可以通过前往文化迥异的国家旅行而接受新的观点。我们可以阅读历史，了解人性如何在逆境中熠熠生辉，也可以与不同背景的人接触，感受人与人之间命运的差异。

若能真正认识到共同的人性，我们就会对每个人都肃然起敬，就会产生保护人类共同体的使命感。个体的"小我"成为人类"大我"的一部分，你的自我认知也将与人类整体的认知交织在一起。

可是很不幸，文化制度、个体偏见、歪曲误解都为我们认识共同的人性设置了障碍。种族主义会在有意无意间贬低其他

---

① Barbara Meyerhoff, *Number Our Days* (New York: Simon & Schuster, 1980), 198.

民族的尊严，将对方视为劣等民族。同性恋恐惧症会让人下意识地排斥性取向不同的人，将他们视为异类。民族主义更是会让我们在战争中麻木不仁地大开杀戒，忘记对方其实跟我们是一样的人类。这些思想和做法都毫无人性可言，所以我们一定要提高警惕。

建立精神联结

随着年龄的增长，大多数人都会加深对生存意义的理解，而对生死无常、灵魂永恒等神秘话题也会格外好奇和痴迷。

***

对于所谓的精神联结，波莉·弗朗西斯做出如下阐述：

> 人一旦实现了精神联结，就如同获得了一套全新的官能体验，能够顿悟广袤的神秘世界——瞥见了宇宙的浩瀚和生命的多样性。我们似乎可以更清楚地感受到地球上的美好风景和浩渺的天空，可以停下来细心地慢慢体会。我觉得正是岁月深化了我的认识，强化了我对生命的感悟。[1]

---

[1] Polly Francis, "The Autumn of My Life," *Friends Journal*, November 1, 1975, 556.

我们相信，真正成熟的人离不开精神生活，他们可能有自己的精神态度和信仰，也可能已经与精神世界建立起某种联结。许多人都渴望拥有超越日常生活的精神追求——超越世俗、功利和科学。我们崇拜"超越"人类的某种力量，渴望解决内心真正关注的事情。我们或许能从汤因比的话中找到一丝共鸣，他说过，"人类的独特之处就在于能够超越自我"。[1] 我们可以将精神信仰当作人类道德标准的基础，也可以将精神态度视为生命的根本和意义。

接下来，我们来看看阿尔伯特·爱因斯坦对精神力量的看法：

> 宗教信仰的核心就在于渴望了解自身无法参透的神秘力量，它们代表着无穷的智慧和璀璨的美好，而人类迟钝的官能只能获得最原始的认识——这种知识、这种感觉是真正的宗教信仰的中心。在这个意义上，而且只有在这个意义上，我才属于虔诚的信徒。[2]

***

任何尝试过的人都知道，我们很难定义或解释清楚什么是精神力量。我们需要静心思考、仔细揣摩以了解自身的心理感受，但这种感受往往很难用语言表达清楚。我们不妨看看约

---

[1] Arnold Toynbee, *Experiences*. New York: Oxford University Press, 1969.
[2] Albert Einstein, *Living Philosophies* (New York: Simon & Schuster, 1931), 7.

翰·奈哈特对精神力量的理解：

> 精神顿悟能够帮助我们实现意识的延展和升华，哪怕只是一闪而过，也能照耀世界；如果能持续数日，它就可以引领我们超越世间的纷扰，让所有的面孔都变得熟悉而亲切。这种境界可遇而不可求，但在斋戒和祷告时出现的频率会更高。[1]

***

许多人会通过冥想的方式与神秘力量建立联结，冥想可以让他们感受到宇宙强大的合力，不仅能让他们感到内心宁静，还能帮助他们与地球和谐相处。

无论什么宗教都会鼓励信徒超越日常生活，督促信徒择善而行、与人为善。当然，大家对"善"的定义各不相同，不同宗教对"善"也会有截然不同的理解，有些宗教团体宣扬内疚、羞耻和偏执。有鉴于此，我们一定要找到一种能够提升自身和他人幸福及智慧的精神力量，不要盲目地以为自己的精神信仰就是绝对的真理。

日常生活是对精神信仰的最大考验。关键要看每天如何与它建立联结，如何让它渗透到日常生活中，帮助我们珍视当下，让我们从日常生活中找到神圣的瞬间。有没有哪些地方、

---

[1] John Neihardt, *The Giving Earth: A John G. Neihardt Reader* (Lincoln, NE: University of Nebraska Press, 1991), 271.

事情、群体能让你产生神圣的感觉？你对他人能否给予最大的尊重？你能否发现他们身上无限的潜力？

你如何理解将日常生活神圣化这一说法？你所信奉的精神力量能否鼓励你本着共同人性的心态去感受、去思考、去行动，继而提高所有人的生活质量？你所信奉的精神力量能否让你更加清楚地认识到人类与自然相互依存的关系？

精神世界若能渗透到物质世界，或许就能改变我们与自我和他人相处的方式，改变我们应对物理环境和社交环境的做法。

为当下和未来尽绵薄之力

许多老年人都渴望走进未来、见证未来，留下印记、留下遗产，实现个人潜能。对大部分老年人来说，留下子孙后代就是他们对未来的最大贡献。但有些老年人还希望影响未来的趋势和观念，希望被载入史册。这些并不是痴心妄想，有很多切实可行的方法能够让我们如愿。

比如，我们可以为后代树立榜样，成为年轻人的人生导师。彼得·乌斯蒂诺夫说过："年轻人需要老年人，需要那些不会因为上了年纪就怀抱羞愧、自怨自艾的老年人。"[1] 我们可以向世界展示人道主义的宗旨、道德的立场并支持正义的行

---

[1] John Lahr, "Ustinov's Many Lives," *New York Times*, September 25, 1977, 266.

动。我们可以提高人类对自身潜能的意识，帮助更多人实现自我。

老年人彰显出来的智慧、人性和精神力量都可以成为年轻人的榜样，从而让更多人成为"好人"。

我们不应一味强调人类相互竞争的行为模式，而是要通过合作加强彼此的联系。我们要学会分享资源，不要将其占为己有。我们要明白自身利益与公共利益并不矛盾，二者相辅相成，可以互相成就。

所有的智慧行为、精神力量都能帮助我们更加积极地看待晚年生活，我们要相信人生可以改变，上了年纪也可以继续寻找人生的意义，实现自我提升，进而为人类共同利益做出更大的贡献。我们可以大胆设想晚年生活的各种可能——有些或许完全超出我们的预期和想象。我们只需打开思路，充分借助个人、集体和社会的智慧。相信我，每个人都可以拥有幸福的晚年。

后记

1995年，父亲离开了这个世界，但他始终活在我的心中。此次编辑父亲留下的文字，更是让我深刻感受到父亲对我的影响，一段特别的往事也随之浮现。

那是1989年的春天，我刚刚结束为期十八个月的亚洲背包之旅，风尘仆仆地回到了波士顿。在那十八个月里，我一路奔波，搭车去了位于中国西藏西部的冈仁波齐山区。我的这次旅行让家人非常担心，因为他们很难与我取得联系，父亲甚至专门在这本书的第四章提到了他当时内心的恐惧。

父亲是一位社会学教授，主攻方向为心理健康，因为表现突出，退休时布兰迪斯大学还特意授予了他荣退证明。他开玩笑说，所谓荣退，就是"因为没有什么建树，所以容许退休"。出于职业习惯，父亲一直对社会保持着敏锐的观察力，他发现老年群体在社会上的地位一直低人一等，而且不断被边缘化。对此，他非常担心，但更令他难过的是，老年人也会觉得自己不中用，因而晚年大多过得非常痛苦。于是，他决定为老年人指明道路，让他们将风烛残年变成明亮璀璨的人生阶段。就这样，父亲决定专门为老年人撰写一部作品。

早在我回到父母那栋位于西牛顿山上的安静街区的房子前，早在我进门放下破旧的背包、洗去中国西藏的尘土和印度的沙砾前，父亲就已经有了撰写这本书的想法。说来也巧，就在他潜心梳理框架、撰写章节、深入分析时，我刚好有四个月的休整时间。四个月过后，我将搬去日本，在那里住些日子。我庆幸自己有时间与他讨论书中的想法，这四个月对我来说非常特别，我没有具体的工作，也没有来自神秘东方的召唤。父亲刚好也愿意与我这个年轻人聊聊这本关于衰老的作品，他想看看我会给出怎样的反馈。

父亲一直有着强烈的使命感，他希望老年人不要因年纪的增长而没落沮丧，相反，老年人应该感到无比欣慰。这本书刚好给了他一个契机，让他可以将之前在课堂上和心理咨询过程中谈到的很多理念进行系统的梳理和汇总。（父亲除了教书，还在马萨诸塞州的剑桥市与人联合创办了一家名为"温室"的心理诊所，旨在为更多人提供免费/低价的心理咨询服务。）父亲在这本书中为老年人提供了很多建议，包括如何"拥有正常的生活"，如何继续热爱生命，如何坚持学习，如何参与社区活动，如何避免与社会脱节，等等。

1988年至1992年的四年里，父亲一直潜心写作，下笔千言，成果显著。只可惜，刚完成初稿，他就被诊断出了肌萎缩侧索硬化（ALS），此后便无法在这本书上投入更多的精力。

多年后，我重新发现了这部手稿。听说我想将其出版，母亲非常支持，不过她也表现出了专业的严苛。我俩详细讨论了编纂这部作品的重大意义和具体做法，讨论的过程甚是烦琐，因为我当时住在日本，每年只会在固定时间回波士顿探望家人。父亲在专业领域有太多建树，所以时常会把各种想法融合在一起。另外，他写东西喜欢面面俱到，导致有些想法很难被处理。总之，父亲的作品在最终出版前还需要认真编辑和修改。

母亲绝对是我的最佳帮手，我俩经常谈起她之前帮助父亲编辑、修改学术著作的经历，那是父亲最早问世的两部重要作品，分别为《精神病院》(*The Mental Hospital*，1954）和《精神疾病患者的看护工作》(*The Nurse and the Mental Patient*，1956）。此外，母亲和父亲还合著了《精神疾病患者的社会关怀》(*Social Approaches to Mental Patient Care*，1964）一书。

《精神病院》一书算得上父亲学术创作上的分水岭，另一位作者是当时非常有名的精神病学家阿尔弗雷德·H.斯坦顿，二人在书中详细阐述了治疗环境、医务人员的兴趣爱好以及医务人员之间的关系对住院治疗的精神病患者可能造成的巨大影响。

正是这本书让父亲成为社会心理学和社会学两个领域的佼佼者，布兰迪斯大学因此授予他终身教授的职位。这部作品影响了一代相关领域的医务人员，为推动整个行业朝着人性化治疗精神疾病方向发展做出了巨大贡献。我一直以为，父亲想在此基础上有所超越恐怕得等很多年，结果证明是我狭隘了。两年后，父亲的第二部专著《精神疾病患者的看护工作》就问世了，而且再次在精神病学界掀起了波澜。父亲在书中阐述了精神疾病治疗中护士应该扮演的角色，详细说明了护士应该以何种方式与患者交流。

毫不夸张地讲，母亲在父亲所有的学术创作中都发挥了重要的作用。她也基于自己的研究出版了多部作品。1968年，她开始在麻省理工学院的精神病诊所任职，之后撰写了大量论文，有些是独立完成的，有些是与著名精神病学专家默顿·凯恩共同撰写的。总而言之，母亲不仅熟悉父亲的想法，而且具备扎实的专业知识，完全可以胜任指导我编辑父亲遗作的工作。

编辑工作持续了很长时间，但过程十分愉快。我相信，如果父亲在天有灵，知道自己1989年的研究能以这样的方式与读者见面一定会非常欣慰。亲爱的读者朋友，请谨记我父亲的叮咛：即使上了年纪，也要继续做个正常人！

——罗布·施瓦茨

2021年6月于美国马萨诸塞州布鲁克莱恩市

附录

团结友爱

我们当然不能只是一味地关心自己、追求自身利益,要知道,即便是为了自己的幸福,我们也要参与公益,也要为集体利益贡献力量。因为如果社会崩溃了,我们将遭受各种形式的伤害,生存也可能受到威胁。

我们若想成为更好的自己,最重要的方法就是致力于打造、参与、维系一个"人人为我、我为人人"的社会。

我们几乎可以在任何地方创建一个团结友爱的社区,重点就是实现人与人的相互尊重和关爱,大家都在乎彼此的想法,拥有共同的目标和关心的事情,每个人都愿意为集体利益贡献力量。在这样的社区里,大家会为了实现共同的目标而通力合作,会为了满足自身利益和集体利益而共同努力。

为了建设团结友爱的社会,我们可以联合朋友、家人、邻居、当地社区共同努力。从国际层面看,我们可以加入相关组织,如绿色和平组织、奥杜邦协会、非洲野生动物基金会等环保组织。我们可以遵循这些机构的框架原则行事,也可以提出更加宏伟的目标。

除了采取个人行动，我们还可以与志同道合的人参加集体行动，不管对方多大年纪，只要与我们有共同的志向，希望实现社会变革，我们就可以并肩前行。你若与我有同样的想法，就一定会发现，我们的社会虽然比其他许多社会的状况更好，但仍处于世风日下的状态。大家应该联合起来，为实现社会变革贡献力量。由于周围充斥着各种各样的破坏性因素，我们有义务成为建设性力量，打造更加公正的经济、社会、政治秩序，为保护我们赖以生存的地球而努力。我们可以共同努力，发挥集体的智慧，采取集体行动，行使手中的权力，带领我们的国家摆脱制度失能、自私自利、公正失序、歪曲事实、破坏真理、偏见猖獗、盲目乐观、无视危机的可怕现状。只要采取集体行动，我们就一定能够创建一个团结友爱的社会，让人类作为生命体系中最重要的一环永续生存。

很多方法都可以帮助我们打造或参与团结友爱的社会，你的身边若是没有现成的人道主义团体，你不妨为自己、家人和朋友创建一个这样的组织。你也可以努力扩大你原有的关怀和支持网络，让生命获得更多的滋养、关爱和成长。

在此，我无法罗列出不同文化、不同历史时期建立关爱老人的社区的所有方法，但现实社会的几个例子或许能让我们了解这类团体具备怎样短期和长期的好处。我希望自己能够抛砖引玉，为各位提供更多创造关爱团体的灵感。

创意退休中心

创意退休中心就是这样一个相互关爱的团体。顾名思义，这一团体旨在为退休人员提供更多机会，让他们发挥聪明才智，继续为社会做贡献。退休中心为老年人提供了各种参与社区志愿活动的渠道，鼓励他们参与民间活动，帮助他们提升教育水平，培养广泛的兴趣爱好。此外，中心还会充分挖掘老年人的技能，让他们在当地社区有用武之地。这一操作适用于美国所有类似规模的城市，着实应该被大力推广。

芬德霍恩生态村

芬德霍恩生态村是苏格兰一家组织有序的精神团体，成员约有三百人，来自十几个国家和地区。芬德霍恩生态村与创意退休中心不同，其成员跨越各个年龄段，小到孩童，大到耄耋老人，他们为了一个共同的目标聚集在一起。他们想为社会建造出更多美丽的花园，并借此丰富自己的精神生活。任何人来到这里都会发生改变，不仅能够治愈自己，还能治愈他人。芬德霍恩生态村的根本使命是保护地球，无数的美丽花园就是他们伟大付出的有力见证。

老年大学

中国一直有着尊老爱幼的优良传统,中国人设立的老年大学就是帮助退休老人重返校园。老年大学让老年人可以继续他们的正规教育,也可以帮助他们开发潜在的天赋,总之,大家聚在一起可以共同进步,以下是《纽约时报》发表的一篇相关报道。

百岁老人重返校园

钱先生的年龄是大多数大学生的五倍,他今年已经一百零二岁高龄。他的同学都苦心钻研1900年的义和团运动和1911年的大清灭亡史,而他没有一丝一毫的困扰,因为他本人就是那段历史的见证者。

钱先生就读的老年大学位于武汉市,学校共有八千名学生,至今已经成立五年。在过去的八年里,中国先后成立了八百余家这样的老年大学。

中国一直有着尊老爱幼的传统,作为一个发展中国家,它能创建这么多老年大学着实令人佩服。此外,中国还在一些农村地区成立了"养老院",旨在为无儿无女、无依无靠的老年人提供栖身之所。大部分城市地区还针对老年群体推出了各种健身、娱乐和教育项目。

人心所向

最后这个例子与前面几个有很大区别，前三个都属于专门成立的机构，而最后这一团体完全属于个人行为，创办者单纯出于个人原因建立了这样一个团体。事实上，类似的社交圈子还有很多，身处其中，所有的成员都可以相互支持，相互学习。乔希建立的这个团体不仅可以帮助他人，还可以关照自己，绝对是一个值得借鉴和效仿的典范。

当然，八十六岁的乔希真的很了不起。然而，很多普通人，尤其是女性，已经打造出很多类似的友爱团体。乔希的"善举"常是一些临时起意组织起来的活动，并未经过精心设计。但是，参与者至少可以通过这些活动参与正常的社交生活。虽然事先未经计划，但乔希始终都希望自己召集的活动可以做到与人为善。

在过去的四十多年里，乔希一直服务于当地社区，参与并倡导了很多公共事业，包括房租控制、缩小学校班级规模等。此外，他还在基层组织工作多年。

乔希很有办法，他能把冷漠的初次相遇变成活络的人际交往。如果有陌生人在大街上主动与他打招呼，他绝对不会敷衍了事，而是非常真诚、热情地与对方攀谈，问对方："您是哪里人？做什么工作？做了多久？喜欢不喜欢？"总之，用不了几分钟，两个陌生人就会熟络起来，基于相互尊重的聊天不仅会令双方互生好感，还能提升彼此的自信。如果是坐火车出远门,不管是在国内还是国外,乔希都会主动与旁边的人聊天。待到旅程结束,他们已经成为朋友,有些友情甚至能够延续一辈子,他还会邀请对方来家里做客。

乔希就是这样与家里的管家处成了无话不谈的好朋友,他的很多学生也与他成了忘年交,多年来一直与他保持书信往来。他邀请过很多朋友来家里做客,还会把楼上的公寓免费借给他们居住。其中一位租客在退租很多年后偶然得知乔希遭遇车祸的消息,特意从德国飞过来照顾他的起居。他陪了乔希好几个星期,临行前还主动提出,如果乔希需要他,他愿意辞去工作继续留下来。没错,乔希就是能够激发出朋友的关爱和付出。另有一对租住他楼上公寓的年轻夫妇也很快跟他成了一家人,每天像对待自己的父亲那样悉心照顾他。

要知道,正是因为乔希的主动付出,别人才会对他投桃报李。乔希会对他人敞开心扉,对方自然也会对他赤诚相待。他关心他人,给予他们温暖和关爱,对方自然也会知恩图报。他会努力维持自己与他人的情谊,常年通信的朋友就有一百多人。他告诉大家不要与他断了联系,还会主动邀请他们来家里做客,每次有人如约而至,他都会表现得异常开心和感激。他身上时刻散发着真诚和温柔的魅力,大家喜欢他的自然大方和真情流露。在他面前,大家不会感到任何压力,可以深切地体会到他的真心。乔希尊重每个人,对他来说,没有所谓的浅交,他对每个人都很慷慨,都很仗义。他的朋友有的近在咫尺,有的远在天涯,但无论身在何处,他们都已经以乔希为中心筑造起了一个团结友爱的团体。

除了朋友,乔希与兄弟姐妹及他们的孩子的关系也很好,尤其是他的一个侄子与他格外亲近,每次乔希需要帮助时,他都义不容辞地来帮忙,心里始终惦记着叔叔的身体状况。

在一次采访中,我问乔希有什么建议可以提供给年轻人。他回答:"遵从本心,身体力行。"我又问他为何会拥有那么多真挚的友谊,他回答:"因为我知道自己和他人没有什么不同,我从不自以为是,从不颐指气使,我最讨厌那些势利小人。"他继续解释说,他从不对人妄加评判,总是会设身处地为对方着想。他喜欢帮助别人,因为他有过很多艰难的经历,所以能对他人的痛苦感同身受。他说:"我特别能体恤弱势群体,关心他们的生活。我发现大部分人都会感觉孤独和自卑,但每个人又有自己的独特之处,可以弥补自身的缺陷。我之所以能悟出这些道理,是因为我年轻时一直是个缺乏自信的人。我缺乏安全感,所以很容易对他人产生怜悯,与之共情。我觉得既然自己有这个能力,就应该承担起相应的责任,帮助他人弥补人生的缺憾。我与很多人交往,大家带给我很多快乐,所以,我有义务为他们做些什么。我喜欢和别人在一起,可能是想带给更多人积极的影响。我活得越久,就越能清楚地认识到自己的幸运,我希望能把自己的好运气分享给更多人。年纪越大,见证的不幸就越多,看问题也会越透彻,我自己也没想到,活到这个年纪,我还能有如此巨大的能量。"

乔希继续说:"我会主动与人保持联系,也会鼓励对方主动联系我。"乔希会反复琢磨:"我能为对方做点儿什么?"打个比方,如果听说有外国留学生需要住的地方,他就会主动邀请对方搬来家里,短的会住上几天,长的会住上几个月。乔希解释说:"我喜欢跟人打交道,能感受到他们遭遇的困难,于是我会想办法为他们提供帮助。我怀疑我这么做,部分原因是为了得到对方的喜欢,结果也的确没让我失望,他们都会依恋我,都会跟我保持联系。但我也想过,或许其中更深层次的原因是,我不想成为我父亲那样的人,他一辈子嗜钱如命,而我更像我的母亲,她温柔贤惠、善解人意,做事脚踏实地,从不好高骛远。我(年轻时)总觉得自己不够友好,不够可爱,现在的所作所为或许就是为了弥补当时的缺憾。"

我追问乔希如何看待自己,他回答说:"我不会特意花时间评价自己,一方面,我觉得自己算得上善良、体面、慷慨、博学,但同时我也有我的问题,我有点儿娇生惯养,有点儿鲁莽冲动,有点儿不守规矩,还有点儿肆无忌惮。但无论如何,我都不会自以为是地夸大自身的价值。"他认为自己是个好人。在他看来,所谓好人,就是有能力与他人拉近关系的人,他也是三十多岁结婚后才明白其中的道理。他说:"于我而言,做个好人就意味着做个诚实体面、广结善缘的正人君子,不撒谎、不贪心。但话说回来,我觉得自己身上也有伪君子的潜质,也会忍不住去做不该做的事。但我又想,或许这也算不上虚伪,只是稚气未脱罢了,如果做了不该做的事,受到责备也很正常。当然,通常情况下,我都会恪守良好的道德准则。"

总之,乔希能不断扩大自己的社交圈子,并以此提高自己的生活品质,最根本的原因就在于他对别人的真心付出。

***

上面我们提到的四个相互关爱的团体,是所有类似团体的缩影。当然,每个友爱团体都是独一无二的存在,有些已经形成了成熟的制度,有些则处于自然生长阶段。有些团体基于共同的理念和正义的事业,有些团体是为了满足大家相互学习、相互帮助的需求。不管采取怎样的形式,只要能做到团结友爱,就能帮助更多人找到生命的意义,我们不仅可以与外界建立联结,还可以回报生命的馈赠。如果整个世界都遍布这样的友爱团体,人类的未来将不同凡响!